图说生物世界

卡伐利亚树与渡渡鸟的生死之交
——植物演化

侯书议　主编

上海科学普及出版社

图书在版编目（ＣＩＰ）数据

卡伐利亚树与渡渡鸟的生死之交 : 植物演化 / 侯书议主编. －上海 : 上海科学普及出版社，2013.4（2022.6重印）

（图说生物世界）

ISBN 978-7-5427-5595-7

Ⅰ. ①卡… Ⅱ. ①侯… Ⅲ. ①植物－青年读物②植物－少年读物Ⅳ. ①Q94-49

中国版本图书馆 CIP 数据核字(2012)第 271785 号

责任编辑 李 蕾

图说生物世界

卡伐利亚树与渡渡鸟的生死之交——植物演化

侯书议 主编

上海科学普及出版社

（上海中山北路 832 号 邮编 200070）

http://www.pspsh.com

各地新华书店经销　三河市祥达印刷包装有限公司印刷

开本 787×1092 1/12　印张 12　字数 86 000

2013 年 4 月第 1 版　2022 年 6 月第 3 次印刷

ISBN 978-7-5427-5595-7 定价：35.00 元

图说生物世界
编 委 会

丛书策划：刘丙海 侯书议

主　　编：侯书议

副 主 编：李　艺

编　　委：丁荣立 文　韬 宋凤勤

　　　　　韩明辉 侯亚丽 赵　衡

绘　　画：才珍珍 张晓迪

封面设计：立米图书

排版制作：立米图书

前　言

对于地球上出现得最晚的公民——人类而言，植物家族的历史漫长而悄无声息。作为地球上最早出现的生命体之一，植物家族的族谱厚重而庞杂，从最早期的单细胞藻类在水深火热的地球炼狱中出现，到更高级别的多细胞藻类；从蕨类植物的抢滩登陆走出原始的海洋，到扎根陆地的裸子植物横空出世；直至最后绚烂若霞的被子植物布满现今世界。

植物家族的进化史，经过了一个由低级向高级、简单到复杂的变化过程，就像是看了一场漫长的无声电影。在这个长达数十亿年的时间长轴距上，不仅有跑到终点的成功者，也有昙花一现的匆匆过客；有被时间老人收纳到时光书签里的"失败者"，还有更多曾经来过这个世界而没有留下任何痕迹的无名者……

但是，对于植物家族的进化历史来说，它们都是伟大的胜利者。

因为，
植物家族的历史
旅程更像是一场接力赛，
一种植物在需要它出现
的时间段，跑完它需要跑
完的赛程，将植物家族的
薪火传递给下一个时光站点的
新生力量。就这样，一站站地延续下来。缺少了哪一种植物，其历史
都将是不完整的。

那些递上交接棒之后的植物选手，有些会从历史的舞台上黯然
谢幕，留下无数的疑团给后来者；有的还会在地球的某一个不为人
知的角落悄然隐居下来，直到有一天人类会惊奇地发现在他们的身
边还有如此众多的"活化石"；有的会在一个合适的时间、地点，被时
间老人抽中，夹到植物家族厚重的大书中，成为标注植物家族历史
的标签；当然，还有一部分幸存者，今天依然装点着这个世界。

不管怎样，我们都应该感激这些在植物历史上留名和没有留名
的植物成员们，因为它们的出现才有了这个多彩的植物世界！我们
也应该珍惜这些我们身边的植物朋友们，不要让它们再从我们人类
手中悄然消失，成为历史的无名过客。

目录

植物历史上的匆匆"过客"

植物家族的先驱们

空前"蕨"后

承前启后的裸子植物

寻找世界上第一朵花

这些年"球籍"难保的植物

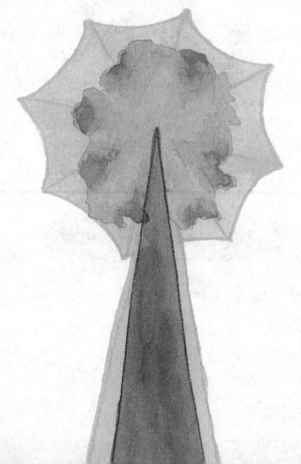

植物历史上的匆匆"过客"

关键词：海洋、生命的摇篮、植物进化、灭绝、化石

导　读：在数十亿年的植物进化家谱中，植物家族从最低级、微小的藻类起步，再到苔藓类、蕨类、裸子植物、被子植物，从简单到复杂、由水生到陆地，一步步地发展到今天这个物种丰富的植物世界。

植物家族的老族谱

首先，大家来思考这样一个较难的问题：我们生活的地球有多大年龄了？这个问题也许会让很多人挠头。不用着急，科学家们已经过测算给出了答案：大约是 46 亿岁。因为地球的年龄太过久远，科学家们也只能大致估算。但是，这足以让大家非常惊讶了吧！

那么，大家来思考第二个问题：生活中给我们提供了氧气、食物以及美化我们生活的植物大家族在地球上生存了多久？答案是：已有 30 亿年！你肯定没想到植物家族的历史这么悠久吧！今天，就让我们翻开植物家族厚厚的族谱，从头慢慢讲起吧！

海洋是生命的摇篮，植物家族的起点也是从海洋开始的。翻开植物家族族谱第一页，我们可以看到，大约 30 亿年前，在大部分被原始海洋覆盖的地球上，已开始出现了植物家族成员的踪迹。

植物最初的祖先——原始单细胞蓝绿藻，个子非常渺小，结构也非常简单，一些科学家从地球古老的地层中发现的藻类化石研究

地球的
年龄？

发现，它们根本没有细胞的结构，甚至连细胞核也没有，而且还只能生活在水中，跟现在娇艳的花朵、郁郁葱葱的树木相比，它们的样子甚至根本算不上植物。

虽然，它们看起来那么简单和渺小，但是它们在结构上已经比之前地球上存在的蛋白质团要完善得多，它们的出现，成为植物家族持续 30 亿年辉煌历史的起点。

怎么样？这些小小的藻类很伟大吧！

在茫茫的原始大海中，这些藻类祖先渺小得几乎可以忽略不计。但是，这些藻类祖先相信团结的力量，它们通过非常迅速的繁殖，成员遍布海洋的各个角落，而且，藻类祖先的最伟大贡献在于，在它们新陈代谢的过程中释放了其他生物生存所必需的氧气。如果没有它们制造出来的氧气，这个星球可能还是一片了无人迹的蛮荒之地。

植物的祖先单细胞藻类虽然简单，但是它们没有放弃家族的进化过程。经过与恶劣环境斗争的极其漫长的岁月，它们的身体结构也慢慢地变得复杂起来，更高级的藻类——多细胞藻类（包括红藻、绿藻等类型）随之诞生了。

这些更加复杂的藻类，不仅仅结构上更加完备，而且还有着非同寻常的功能，它们能自己利用太阳光和无机物制造出有机物质，这为以后的其他动物的繁衍发展提供了丰富的原料来源，并且在漫

留住水星为藻类

长的进化中，它们已经产生了细胞核。

红藻、绿藻这些色彩鲜艳的藻类将那时候的海洋打扮得五颜六色、生机勃勃，藻类家族也迎来了此后几万世纪的全盛时代——藻类时代。

俗话说，物极必反，盛极而衰。植物家族的发展同样也并非一帆风顺。那时候的地球并不安分，地壳的运动非常活跃，经常会有翻天覆地的大变化。

踏上陆地
成为蕨类
植物

015

在这个过程中，原本是海洋的地方被地壳抬升成了陆地和高山，水生藻类们遇到前所未有的生存大挑战。

面对全新的生活环境，是上岸还是退回海里？一部分绿藻"勇敢"地挑战新生活，踏上了登陆之旅。

这些藻类经过漫长而艰难的进化，它们的构造变得更加适合陆地生活。它们完成了一次完美的变身，成为了一种全新的物种——蕨类植物。

从那时起，原本寸草不生的陆地和高山开始披上了充满绿意的时装，植物家族的族谱又翻开崭新的一页——蕨类时代。

这样的美好生活持续了若干万年，地球环境变得越来越干燥，因为这时候的蕨类植物繁育后代的活动还需要在水中完成，环境的变化给蕨类家族的繁荣昌盛带来了大麻烦。于是，它们向更深的大陆进发，彻底摆脱对水的依赖，也成了对蕨类家族的生死大考验。

同样，又是一批植物家族的勇敢者站了出来，它们经过漫长的进化，成功地实现了用一颗小小的种子承担所有家族繁衍的重任，于是，裸子植物这个身材高大的群体便应运而生。从此，在广袤的地球上有了郁郁葱葱的森林。

大约1亿年以前，地球上诞生了植物家族中最为重量级的人物——被子植物。被子植物的身体结构更加适合陆地上的生活，繁衍的过程完全脱离了水的限制,它们家族成员众多,人才辈出,一直到现在,它们还是与人类生活结合得最为紧密的群体。

　　植物家族的历史再往后翻,就是大家所能看到的这个物种丰富、五彩缤纷的现代植物世界了。

　　带你浮光掠影地扫描了一下植物家族的族谱,是不是觉得很神奇呢?

我是裸子植物哦

植物也向马拉

一场植物进化的马拉松

在数十亿年的植物进化家谱中,植物家族从最低级、微小的藻类起步,再到苔藓类、蕨类、裸子植物、被子植物,从简单到复杂、由水生到陆地,一步步地发展到今天这个物种丰富的植物世界。

合上这本厚厚的族谱,我们来回忆一下植物家族的进化史,是不是很像一场与时间较量的马拉松比赛呢?大家一起从一粒微小的单细胞藻类出发,演化成遍布全球的庞大群体,又因为环境的变迁,分道扬镳,自立门户。有的植物族群只是像流星划过,有的却能在地球上繁衍数亿年之久。

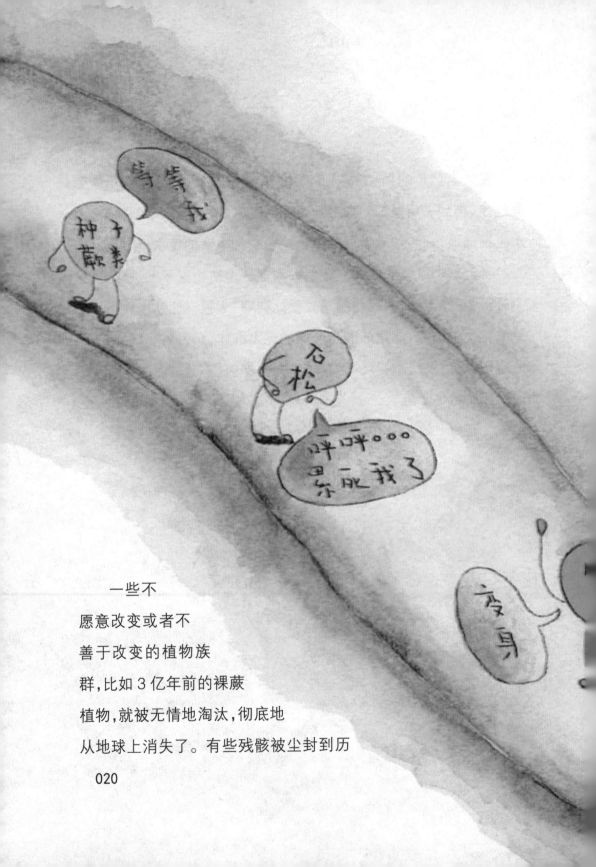

　　一些不

愿意改变或者不

善于改变的植物族

群,比如 3 亿年前的裸蕨

植物,就被无情地淘汰,彻底地

从地球上消失了。有些残骸被尘封到历

史的尘埃里,成为现代人们叹为观止的精美化石;还有些植物族群虽然在几次地球大规模的物种灭绝中侥幸地存活下来,但是也失去了统治江湖的地位,蜷缩在不被人所知的崇山峻岭中"苟延残喘",延续着微弱的香火。

比如,曾经在古生代高耸入云的石松类植物,目前仅存一些矮小的类型,根本看不出当年一统江湖的英姿;也有许多植物族群,虽然也成功地跑到了最后,但是它们的外貌发生了巨大变化。比如,我们常见的银杏树,它有着独特、漂亮的扇形叶片,在远古时代也并非现在的样子,在遥远的侏罗纪时代,那时候的银杏叶有成人手掌那么大,叶片会有很多的分裂,因为它的叶子和果实可以随着气候的变迁发生改变,渐渐地,银杏叶子的分叉越来越少了,最后就成

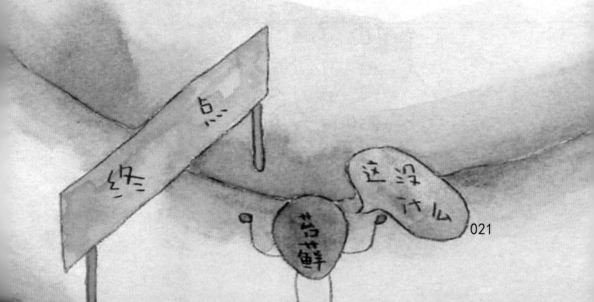

了现代这样的扇形。

最后,还会有一些非常顽强而"低调"的族群,它们虽然经过了数亿年的时光,却很少发生改变。就拿苔藓类植物来说,这些藏身在地球很多阴暗角落里的植物几乎和它们当初的样子没有什么大的变化,它们平静地躲过了数次很大的劫难,没有成为植物界中大富大贵的角色,也没有销声匿迹,甚至人们几乎没有能够考虑到它们的存在,它们就这样与世无争地生活下去。

相反,很多曾经风光无限的、盛极一时的植物族群,比如种子蕨类植物,反而在这场马拉松赛中被甩得远远的,掉了队,成了历史的一个过客。

谁导演了植物灭绝的大戏？

　　任何事物的发展都不会是一帆风顺的，在植物家族的浩瀚家谱上，也曾经出现过五次大的灭绝事件，这让族谱上植物家族成员的数量急剧减少，而导演这五次物种大灭绝大戏的正是变化无常的大自然。

　　现在，我们就来翻开这几段植物家族的灾难史。第一次物种大灭绝发生在 4.4 亿年前的奥陶纪末期。由于当时地球气候变冷和海平面下降，生活在水中的无脊椎动物遭遇了灭顶之灾。第二次物种大灭绝发生于 3.5 亿年前的泥盆纪晚期，那时候，由于地球气温的降低及海平面的下降，让很多鱼类和水生植物遭了殃。第三次物种大灭绝发生于 2.5 亿年前的二叠纪末期，这次的打击来得相当惨烈，有 95% 的海洋物种和几乎 70% 的陆地物种都毁灭了。

　　但是，关于这几次物种大灭顶事件的原因，科学家们争论不休，至今还没有一个定论。也许在不远的未来，热爱植物学的你会帮助人类解开这个谜团。

　　时间走到 2.03 亿年前，三叠纪晚期，很不幸地发生了第四次物

种大灭绝。盛产于古生代的主要植物群几乎全军覆灭,在三叠纪盛行的裸子植物也受到重大打击。

最为著名的第五次物种大灭绝发生在6500万年前。提起这次大灭绝,大家肯定都知道,在这次的灾难中,称霸大陆的恐龙家族在这个时期彻底从地球上消失了,同这些陆地霸主一起消失的还有90%的其他物种。

如果说前五次物种大毁灭事件的罪魁祸首是大自然的乖戾性格,那么第六次物种大灭绝的导演者却是人类。

其实,人类来到这个地球上的时间,大约只有300万年,跟植物家族数亿年的"球龄"相比,人类只能算是个小字辈。但是自从人类出现以后,特别是工业革命以后,对地球毫无节制地开发和索取,让植物家族感觉到了前所未有的生存压力。

在"物竞天择,适者生存"的大自然中,植物自身也会有不适应环境变化的成员"掉队",成为历史中的过客。

科学家曾经做过推算,如果没有人类对大自然的干预,让植物家族和动物家族自己繁衍的话,在过去的2亿年中,平均大约每100年有90种脊椎动物灭绝,每27年就会有一个高等植物被大自然无情地淘汰掉。

有了人类活动的影响,使原来依靠大自然淘汰的速度大大加快

人类可能导致我们
第六次物种
大灭亡

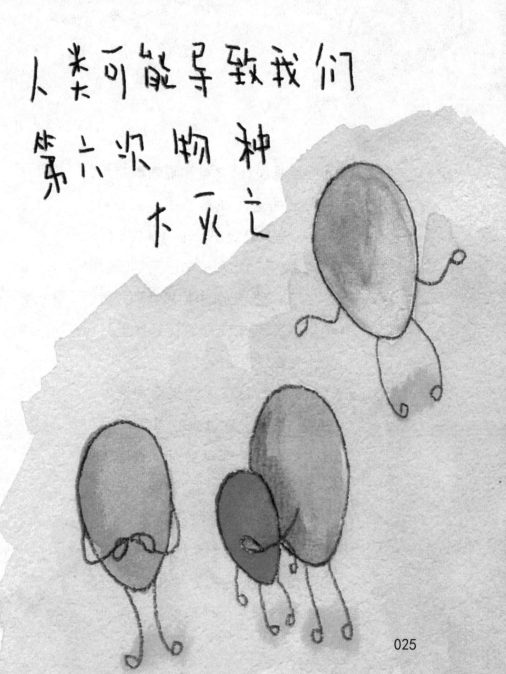

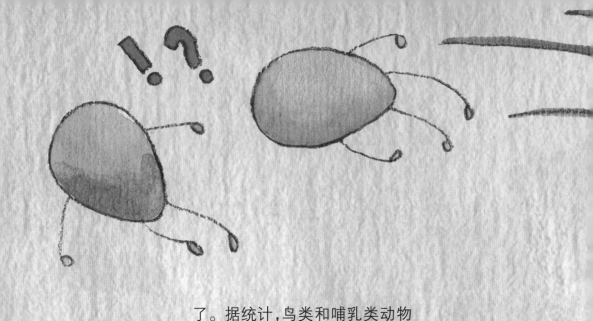

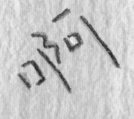

了。据统计,鸟类和哺乳类动物灭绝的速度提高了 100 ~ 1000 倍。有人曾经统计过,1600 年以来,高等动物和植物已灭绝超过了 700 种。而其中很多物种人类可能并不知道它们曾经在世界上存在过。

特别是在人类文明加速发展的近代,在过去的 400年中,大约每隔 7 年就会有一种哺乳动物告别这个世界,这要比正常的自然淘汰速度快了7 ~ 70 倍。

在最近的一个世纪,人类对动植物的干预越来越强烈,这些物种告别这个地球的死亡时钟

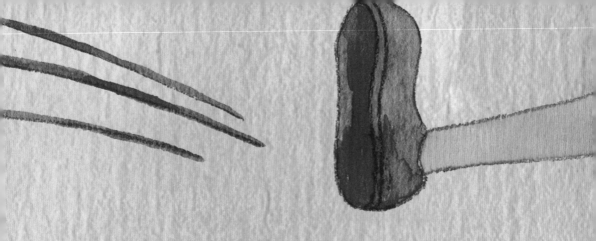

转动的速度十分惊人,比自然速度快了近 1000 倍。

据科学家统计,过去的 100 年中有 110 个种和亚种的哺乳动物以及 139 种和亚种的鸟类被贴上了灭绝标签。目前,世界上已有两万多种植物被推到灭绝的边缘。

在号称地大物博、物种宝库的中国,植物家族中的被子植物族群,就有 1000 种被列入珍稀濒危级别,28 种被宣告成为极危族群,有 7 种可能已经彻底告别了这个世界;植物家族中高大的群体——裸子植物,也抵挡不

住人类的侵扰,63 种已经被下达了濒危和受威胁通知书,14 种被冠上极危的标签,1 种已经彻底消失了……看着这些植物家族中的优秀成员一个个含恨倒下,真的让人很心碎啊!

可以说,人类一手制造的这第六次物种大灭绝已经赶上甚至超越了前五次大自然的破坏力。

最让植物家族担心的是:人类对植物家族的屠刀并没有放下,植物家族未来的前途依旧生死未卜。

化石——时间老人的书签

自从地球这个蔚蓝色的星球上诞生生命以来,大约有 40 亿种不同的物种在这个星球上繁衍生息过,但是其中 90% 以上的物种先后成为了这个星球上的匆匆过客,只有少数的物种能在深深的地壳深处留下它们曾经来到过这个世界上的证据——这就是化石。

形象地比喻一下,化石其实就是生活在远古的植物的遗体经过长久时间的衍变而成的"石头"标签,人们可以通过研究这些化石来了解那个遥远的年代中植物的生存状态。

说它像石头,其实它们并非就是石头。现在我们就来讲一讲这些记录植物家族历史的"标签"是怎么形成的吧!

在遥远的地质年代中,由于大自然气候的变化要比现如今更加剧烈,狂风、暴雨、洪水、泥石流等极端天气经常出现,植物的部分枝叶、果实、花粉、孢子等很容易被吹打落在地上,有的时候整棵植物或者是成片的森林会被掩埋到土层下面。这些植物被泥沙掩埋起来,在之后漫长的岁月变迁中,其中能被分解的成分(比如有机质)等会被微生物消解干净,留不下任何踪迹,而那些相对比较坚硬的

部分,例如:植物的枝叶和树干,动物坚硬的骨骼、贝类的外壳等等,会和掩埋包裹它们的沉积物、沙石等物质胶结在一起,在地壳岩层的压力和地热的共同作用下,再经过漫长时间的压制,逐渐变得像石头那样坚硬,最终形成了"刻"有植物形象的石头"照片",这些石头"照片"即叫化石。

这些埋藏在地层中的古植物的标本——植物化石,有些会在漫长的地质年代中,被地壳的剧烈运动所破坏,变得残破不堪,有些幸运的化石会保存得比较完整。这些化石如果被发现,就成了人类打开古代植物宝库大门的一把钥匙。从现今发现的植物化石中,人们可以看到植物的根、叶、种子、果实、花粉、孢子和琥珀等。通过化石这个"小孔",人们可以窥探到古代植物家族当年的生活片段——在古老的岩层中发现的植物化石都是比较原始、简单的结构,它们往往都是植物家族的老字辈,属于比较"资深"的成员;在年代比较新的岩层中发现的植物化石,结构就会复杂和高级得多,它们大多都是植物家族的晚辈,是比较新的成员。

因此,不同年代的植物化石就像一个个时光老人的书签,通过这些化石,人们就可以大致描绘出这些植物化石形成的年代和所经历的变化,对了解整个植物家族的演化历史有很大的帮助。现在,我们就来认识几种古老的植物化石明星吧!

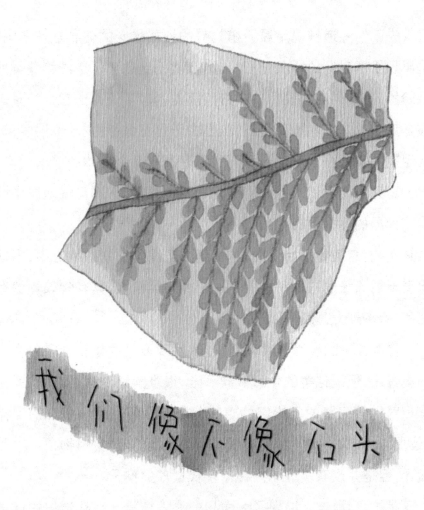

我们像不像石头

的标签呢?

首先，你知道被确定属于植物界的资格最老的化石是什么吗？它是出现于寒武纪的绿藻化石。这种藻类已经脱离了单细胞藻类的低级阶段，是一种绒枝藻目的多细胞藻类。其实，还有比它资格更老的前寒武纪的单细胞绿藻化石，但是由于化石保存的"影像"并不清晰，现在大家还很难确定这种藻类到底属于哪个具体的家族门类。藻类大量死亡后堆积形成叠层石化石，在中国北方震旦纪地层中就发现了大量的藻叠层石。

其次，随着植物开始登陆，志留纪末至泥盆纪初的地层中，出现了比藻类更高级的植物家族成员——裸蕨类植物，具有代表性的有瑞尼蕨、库逊蕨、工蕨等化石。

植物家族中的高等植物稍后出场，发现最早的化石是来自古生代的奥陶纪，但是这类的化石残缺不全，很难辨认清楚。到了志留纪才有相对比较完整的石松门的植物化石被保留下来。稍晚的泥盆纪，最古老的树木——"古羊齿属"化石被发现。这类植物树干卜长着蕨叶，但是并没有发现承担传宗接代重任的孢子。

晚泥盆纪，地球上出现了大面积的乔木植物。在石炭纪的地层中，人们还发现了大量苏铁、银杏、松柏等裸子植物化石。

在此之后，裸子植物家族异军突起，它们大多身形高大，有着漂亮的大型羽毛状的叶子，在已经发现的裸子植物类化石中，科达树的身高达到了 30 米，成为了植物化石界的巨人。

1999 年，来自中国辽宁的一块植物化石——辽宁古果化石震

我是植物化石界的巨人

033

惊了整个世界,在这块化石上首次出现了一朵盛开的花朵。你千万别小看这块小小的古果化石,这块化石就是植物家族中最大的族群——被子植物家族的出生身份证明。这朵曾经开放在 1.45 亿年前的花朵,也被植物学家们称为"世界最早的花"。

古老的植物家族久远的历史已经被尘封在厚厚的地层下面,这是一本厚重的大书,要想揭开其中无限的秘密,人类还需要找到更多的化石——这张时间老人留给人类无限探索遐想的书签才行。

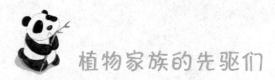

植物家族的先驱们

关键词：地球、小蓝藻、叠层石、藻类、全盛时代

导　读："物有本末"一词，用在植物演化进程上也一样贴切。在植物演化史上，可以说一些早期的小生命，孕育了庞大的植物家族它们堪称落户地球上的植物先驱。

"恐怖"的地球

作为地球上最早的居民之一,植物家族对整个地球的历史还是很有发言权的。现在我们就来看一下那个时候的地球是什么样的吧。

如果从外太空看现在的地球,你会发现它是一个被蔚蓝色的海洋环抱的蓝色星球。但是你知道吗,在地球刚刚诞生的早期,地球可不是现在这个美丽的模样。那时候的地球,地壳的活动非常剧烈,到处是喷发的火山,炽热的火红岩浆遍地横流,空气中充满了氨、甲烷、氢和其他气体,到处是异常浓烈的硫磺气味,人类和动物赖以生存的氧气含量极低,几乎为零。

这景象基本上是一副地狱的模样,根本没有生物生存的条

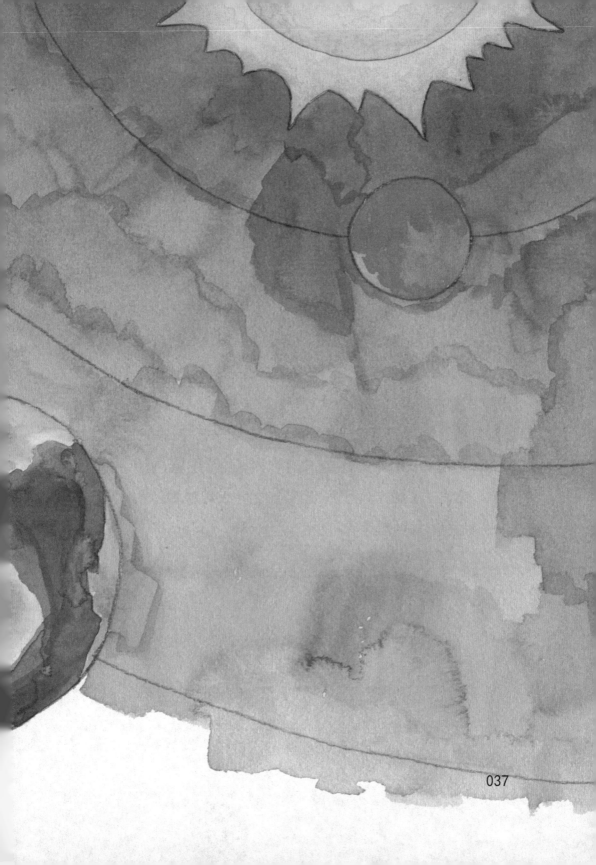

件。当然，植物家族也没有办法在这样的环境中生存。

　　好在地球有着比较合理的自转轨道，并且距离炽热的太阳较远，在随后的漫长年代里，地球表面的温度不断地冷却，水蒸气因此也不断地凝结成冰，在约 39 亿年前的蛮荒的地球上形成了早期的原始海洋。

　　但是，那时候的海洋跟现在孕育众多鱼类生命的蔚蓝色海洋不同。这些原始的海水中已经开始融入了很多有机物质，而有机物质是构成生物体的基础。那么，这些有机质又是怎么来的呢？那时候的地球，高温炙热，大气活动剧烈，闪电经常划破天空，在这些条件的催化下，经过漫长的年代，空气中存在的氨、甲烷、氢、硫化氢、水蒸气等无机物在原始海洋里出现了合成生命最基本的物质——氨基酸、核苷酸等有机物质。

此后，这些有机质在当时的地球环境下，又形成了蛋白质，之后，又经过了数亿年的进化，这些蛋白质的结构越来越复杂，终于在34亿年前的时候，真正的生命体——原始蓝绿藻才被孕育出来。

　　这可是植物家族史上真正的大事件啊，正是这个异常微小、简单的原核生物横空出世，才有了以后这个物种丰富、异彩纷呈的植物世界啊！

改写地球历史的大英雄——小蓝藻

虽然,小蓝藻已经是在地球上存在了 30 亿年的"老人家"、植物家族的元老级人物,蓝藻家族至今依然活跃在人类的生活空间。

它们虽然是植物家族最低等的单细胞植物,但是它们简单的生理结构反而让它们有了比高等植物更加超强的生存绝技。

优哉,游哉!

　　那么，先让我们来看看这些植物元老原始蓝藻的直系后代们当今的超强表现吧！

　　它们能扎根到很多高级植物根本没有办法落脚的环境中，无论是淡水、海水，还是土壤、岩石，都有蓝藻家族的生存"据点"。这还不算什么，藻类家族少数的顽强成员还能在冰天雪地、寒冷彻骨的北极安居乐业,有的竟能在高达 85℃的火山旁沸腾的泉水中怡然自得。它们有这么多超常的本领,你也就明白了为什么是藻类家族首先在早期地球那么恶劣的环境中生存下来了吧!

蓝绿藻和其他植物最大的区别在于,它们的体内没有细胞核,因为这一点跟细菌非常相像,蓝绿藻家族以前也曾经被划归到细菌家族,叫做蓝细菌。虽然,蓝绿藻这么渺小,甚至被人类搞错了身份,但是蓝绿藻体内比细菌多了一种能改变整个生命史的重要物质——叶绿素。

这种物质为什么有这么奇特的作用呢?因为,借助这种物质,蓝绿藻才能够通过光合作用将无机物转化成自己生长发育的能量和养分。

另外,它还有一个最伟大的"副产品"——能够释放出氧气,这也是植物家族历史上最早的光能利用"工厂"了。

正是有了蓝绿藻家族众多的成员源源不断地释放出来的氧气，才使得地球空气中的氧气逐渐增加，改变了原来地球大气层的成分，更加有利于有氧呼吸生物的产生，而有氧呼吸生物，就是动物，当然也包括人类。而且，逐渐形成的臭氧层也成为阻挡宇宙中有害紫外线辐射的一道屏障，这些都为世界丰富多样的物种的产生创造了一个必要的环境。

怎么样，植物家族中的小小藻类家族，是不是很配得上"伟大"这个词呢？

自我供给并释放出氧气

从最早的蓝绿藻在地球上现身,到现在的蓝藻家族依然活跃在地球的每一个角落,时间已经走过了漫长的 30 多亿年,而蓝藻家族的子民们也经过了许多的风霜雨雪和岁月的辗转变迁,可能都在时间的滚滚车轮下了无踪迹了,人们对其无从知晓了,但是借助这些远古遗留下来的古老化石,我们还能寻找当年蓝绿藻前辈叱咤风云、开拓疆土的蛛丝马迹。

现在,人类研究蓝绿藻前辈的依据是一种叫做叠层石的化石,它们是蓝绿藻死亡以后,躯体和周围泥砂混合在一起,经过漫长的岁月,形成独特的具有一层一层结构的叠层

石,它的断面像极了斑马身上的条纹。而且,新的叠层石的生成过程在今天的海洋中还在不断地上演。

好奇的人一定会问,叠层石为什么会像千层馅饼那样一层一层的呢? 一层一层代表什么意思呢?

我们将一块叠层石放在显微镜下仔细地查看,一块叠层石上颜色浅的是"亮层",颜色暗深的是"暗层",一明一暗正好是代表了一个白天一个夜晚。这是因为,晚上没有阳光,也没有了光合作用,缺少能量供给的蓝绿藻们就没了力气,匍匐在了地上,呈水平方向。而白天阳光充足,它们又都精神抖擞地向着太阳站立起来,这一黑一白就完成了一个周期。

聪明的你肯定会发现,这个是不是跟树木的年轮、贝壳上的生长层有着异曲同工之妙呢?确实,叠层石也有这样的功能。而且叠层石上,不光能读出来"日周期",还能看到反应潮汐变化的"月周期",还有"年周期"。

怎么样,如果你能读懂这样的化石"语言",就相当于拿到了一本记录植物家族发展史的"私密"族谱,从中你就能读懂亿万年来地球的变迁秘密,觉察气候的风云变化,还有破译天文星体变化的奥妙了。

目前,世界上最早的藻类叠层石化石发现于南非,据科学家的推算距今已经有 30 多亿年的历史。原始蓝藻最早出现的时期应该比这个时间更早。此外,在北欧的芬兰也曾经发现蓝绿藻化石的踪迹。

在这个没有任何同伴的太古代(太古代指距今 38 亿 ~ 距今 25 亿年前),简单、渺小的原始单细胞藻类在地球上孤独地生存了数亿年,并且在跟恶劣的自然环境斗争的过程中还在不断地进化、升级,在元古代(距今 24 亿 ~ 距今 5.7 亿年前)早期开始出现了较为复杂的多细胞藻丝。

这意味着藻类在进行自身的细胞分裂繁殖的同时,还可能产生了更为高级的生殖方式,植物家族最早的祖先在自身进化的道路上又迈出了一大步。

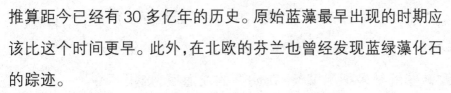

那时候,在茫茫无际的海水中,除了已经存在数亿年的单细胞蓝绿藻外, 还漂浮着许多蓝绿色的细细丝带,这些就是多细胞藻丝;在明亮的浅海底,堆积了许多藻类叠层石,同时还有许多卵形藻灰结核随着波浪的拍打在水底不断地滚动。

　　此前单调而缺少生气的远古海洋,从此开始有了勃勃生机。

　　以上描述的图景并非是主观猜想,这些都是来自化石——这位历史无声代言人的"述说"——人们在加拿大安大略省发掘的藻类化

石中就发现了丝状蓝绿藻"倩影"的叠层石;同时,还有大量单细胞蓝绿藻和多细胞藻丝抱团在一起的藻灰结核。这些"化石"正确而真实地反映出藻类出现的年代节点。

怎么样,看到这些"祖孙"几代同堂的全家福"照片",你是不是对藻类家族的早期成员们有了更清楚的了解呢?

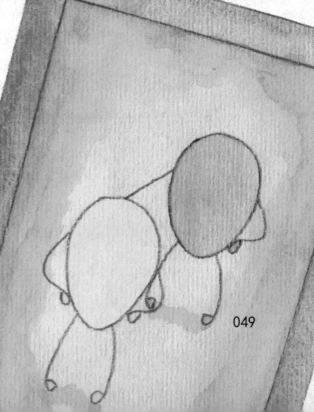

藻类家族的全盛时代

　　不断进步的藻类家族成员,借着天时地利人和终于在元古代的震旦纪(距今约 8 亿 ~ 5.7 亿年前)彻底爆发,家族势力空前强大,家族成员遍布海洋的每个角落,成为了当时无可匹敌的海洋统治生物,震旦纪也因此被称之为"藻类时代"。震旦纪的命名其实跟中国有非常紧密的关联。由于古印度人称中国为 Cinisthana,在佛经中被译为震旦,而且我国震旦纪地层分布很广,是那个时代最具代表性的地方,因此,这个时代就用中国的古称命名了。

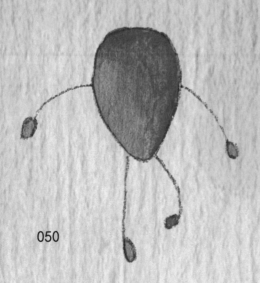

　　从东北到华北,从西南到西北,"隐藏"着藻类家族秘密的藻类化石遍布了中国的大好河山。在这块土地上,藻类化石俯拾皆是,这些藻类生物不仅对某些矿产的形成和富集起重要作用,而且一些由藻类家族成员构成的叠层石灰岩还成了富丽堂皇的珍贵建筑材料。

　　你们见过石柱吗,就是那些古代建筑群中常常使用的石柱? 它们就是由藻类灰岩镶嵌而成的。其中花团锦簇、如云似雾的花纹就是藻类叠层石。

　　如果你喜欢去野外探险的话,说不定也会幸运地碰到这种石灰岩,有的藻类叠层石组成的岩层厚度大,色泽鲜艳,十分壮观,置身到这样的"藻林",你肯定会有回到数亿年前"藻类世界"的穿越感觉,你也一定会感叹藻类家族在地球上留下的杰作吧。

　　看了这么多藻类祖先的老"照片",你肯定觉得有点小失望了,因为它们的样子都太单调了,小小的个子、绿色外衣,数亿年来都没有太大的变化,跟现在这万紫千红的植物世界相比太枯燥了。不要着急,你要给藻类祖先一点更新"服装"的时间啊。

到了震旦纪的晚期,藻类祖先终于有了在服装上标新立异的新成员——红藻。从现在发现的大量红藻化石,我们可以想象出这位风采照人的红藻"美眉"在当时可是红极一时。

在中国发现的红藻化石常常组成蘑菇状叠层石礁,这些"礁石"个头大的直径有数十米,小的有 1 米多点,各种千奇百怪的形态都有,你想想这么高的"礁石"都是由那么微小的藻类们密密麻麻地堆积而成的,是不是惊叹于那个年代藻类祖先的繁盛啊!

如果可以穿越时空回到遥远的震旦纪,那时,海洋已经摆脱了数十亿年的单调和平淡,蓝、绿、红等多种色彩的藻类布满了海洋,它们像五彩的丝带绸缎装点了碧波万顷的海洋,近处红色的藻礁点缀在清澈的浅海海底,这真是一幅非常美妙的图画啊。

藻类家族鼎盛的震旦纪过后,一个崭新的古生代翻开了扉页,这个时候,藻类家族最早的成员蓝绿藻似乎已经完成了自己的历史使命,渐渐地隐退出了历史的舞台。奥陶纪(距今 5 亿~4.4 亿年前)以后,蓝绿藻等藻类组成的叠层石急剧减少,渐渐地成为了历史的绝唱。或许,在那个万物萌动的年代里,可能还会有很多人类目前尚不得而知的准节肢动物开始悄悄地活动在那片海洋里,这也包括人们十分熟悉的三叶虫。总之,之前若干亿年平静的海水里终于开始热闹起来了。

空前"蕨"后

关键词：抢滩登陆、苔藓、光蕨、莱尼蕨、工蕨、鳞木、芦木、树蕨、桫椤

导　读：在植物演化进程中，蕨类植物是演化史上不可或缺的一环。蕨类植物是最原始的维管植物。它属于高等植物，同时又是高等植物中比较低级的一门。

抢滩登陆的先锋

对地球上的生物来说，浩瀚的海洋曾经是所有生命的摇篮，我们所知道的植物和动物的祖先都是在海洋的庇佑之下走过了自己的幼年期。

但是，有人会有疑问了，现在遍布所有大陆、平原、高山的绿色植物，它们又是怎么从海里"游"到陆地上的呢？到底是动物先上岸，还是植物先上岸呢？植物家族的成员没有腿、脚，又是怎么跑到岸上去的呢？

科学家经过研究已经给出了明确的答案：首先上岸的是植物家族的成员——裸蕨，它是整个生物界开拓陆地疆土的开路先锋。佩服吧，这可是生物发展史上的一个大事件。正是有了植物家族的勇士克服重重困难才完成了登陆，才有了现在这个充满生机的大陆。

数亿年前，对于弱小的、已经习惯了水生的植物祖先们来说，登陆的每一步都是危机四伏，步履维艰的。

让我们回放一下这段惊心动魄的历史画面吧：在距今 3 亿多年前，那时候的地球还不是那么的安分，活跃的地壳在很多地方发生

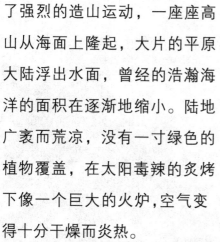

了强烈的造山运动，一座座高山从海面上隆起，大片的平原大陆浮出水面，曾经的浩瀚海洋的面积在逐渐地缩小。陆地广袤而荒凉，没有一寸绿色的植物覆盖，在太阳毒辣的炙烤下像一个巨大的火炉，空气变得十分干燥而炎热。

植物祖先赖以生存的海洋空间，正在慢慢地被陌生而危险的陆地所压缩，但是想要从水里上岸，谈何容易啊。

现在来简单地对比一下如今的水生植物和陆地植物不同的生活方式，我们就不难发现当年裸蕨类植物先辈们在登陆时面临

着多么超乎寻常的难度。

　　我们来看看最普通的陆生植物吧！从绽放的鲜花，到参天的大树，

即使是一棵最弱小、号称随风倒的小草，它们都能扎根土地里，枝叶直直地向上生长，不需要任何的外力支撑，就能舒展开自己的腰身，展示美丽的身影。但是，就是这么简单的动作，对于水生的植物就很难做到，即使是长达几十米的巨型海藻，如果没有了水的浮力承托，也只能瘫软在地上，扶不起来。

好奇的你肯定会问了，为什么水生植物这么"扶不起来"呢？其实，水生植物和陆生植物这两大家族的最大差异在其体内。陆生植物家族体内有一种叫做维管的"骨架"组织。这个独特的组织不仅能支撑起植物们的身躯，它们中空的结构还能够让根系从土壤里吸收的水分和养分运输到身体的各个部分。水生植物要想成为登陆的先锋，维管组织"骨架"一定要非常过硬才行。

另外，植物在水中生活时，它们整个身体的表面都可以用来吸收水中的养料，而陆生植物就需要进化出专门的器官来负责吸收营养。

植物家族的成员们由水生到陆生的大迁徙，并非只有裸蕨一家，当时，有好多种植物打响了抢滩登陆

的战斗。在裸蕨类植物"上陆"前后,有一类叫"苔藓"的植物也"上陆"生活了。但它们始终没有摆脱过阴湿的生活环境,严守着自己的老习惯,从没向前跨进一步。

直到今天,它们连个真正的根都未分化出来。因此,科学家推测,在数亿年前苔藓也只能是生存在距离水源不远,或者委身在潮

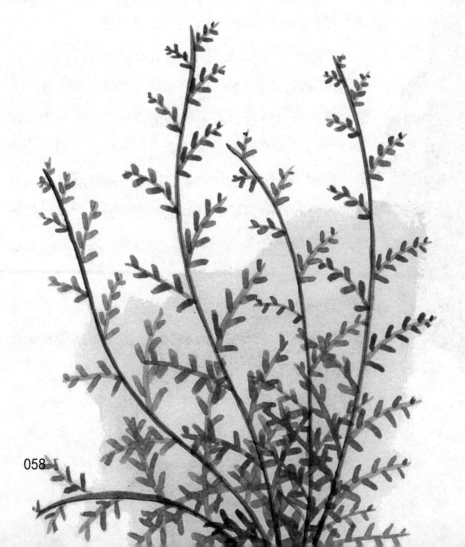

湿的陆地环境中，因此，苔藓只能是一种植物家族从水生到陆生的过渡类型，并不是真正的登陆英雄。

目前，世界上已知最早的陆生植物化石是在中国贵州凤冈发现的，其生活的年代距今大约有 4.3 亿年。它们生长着羽状扁平枝条，身高不到 1 米。已经具有了维管组织，能够实现传输水份、营养和支持等功能。由于在以后的地层中再没有发现跟这位植物前辈的模样相仿的蕨类后代，因此这支蕨类家族的先锋部队可能已经全军覆没了。人们认为它并不能成为陆生植物的原始代表，只能说是水生植物向陆地转移过程中的先驱。

正是植物家族的登陆，才使得原来荒凉的大陆披上了绿装，才有了以后的万物生长的动植物世界。

不仅仅是这样，登陆的植物家族成员，比起以前只能"龟缩"在海洋里的植物前辈们，又有了更多、更大的生存本领，不仅能制造出丰富的有机物质——糖类，还通过植物们的光合作用吸收了空气中大量的二氧化碳，释放出了大量的氧气，让此后的地球环境更有利于其他生物的生长。可以毫不夸张地说，如果没有植物家族 4 亿年前的登陆成功，便没有今天这个五彩缤纷的动植物世界。

植物家族的登陆先锋敢于探险未知世界的勇气，是不是也很值得我们人类学习呢？

光蕨的"独门秘技"

植物家族在抢滩登陆的过程中,损兵折将,牺牲惨重,但是植物家族的前辈们并没有放弃对陆地的征服,最终,在如此艰难的环境

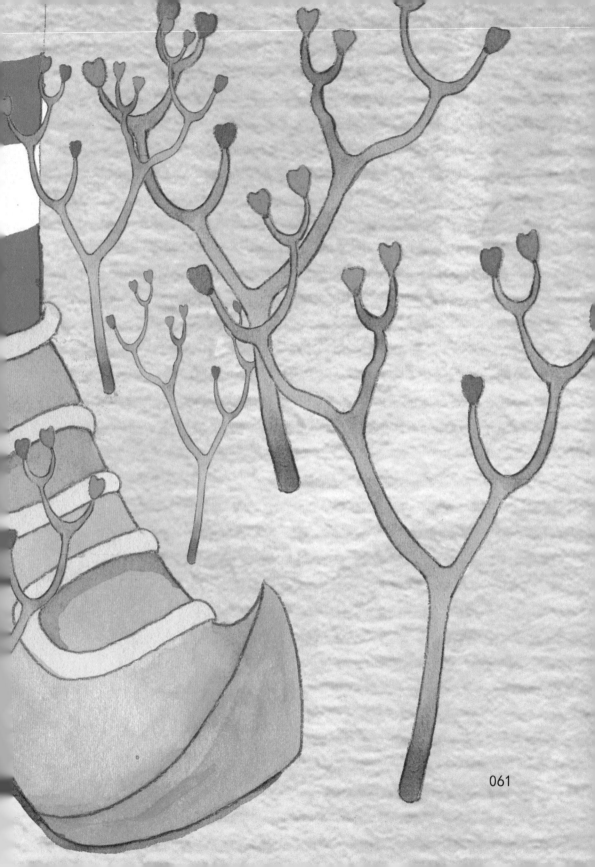

中，裸蕨类家族的一位勇士——光蕨成功地适应了陆地上的生活，成为了登陆成功的第一个植物家族成员。

虽然成了植物家族的登陆先锋，但用现在的眼光看起来，它们一点也不像一个真正的陆地植物，它们都非常矮小，甚至只是比小孩的脚踝稍微高一点点，没有宽大的绿色树叶，也没有深入地下的根须，支撑它站起来的茎很纤细，只有 2 毫米左右，但是作为第一位大陆上的居民，它们已经有了适应陆地生活的"独门秘技"了。

在光蕨身体的下端虽然还没有进化出发达的根须，但是它们已经长出了像毛发一样的"假根"，虽然说是假根，但是它们也有吸收

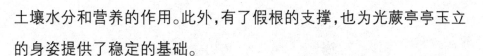

土壤水分和营养的作用。此外,有了假根的支撑,也为光蕨亭亭玉立的身姿提供了稳定的基础。

别看它们的茎非常细小且弱不禁风,但是它们体内已经有了非常简单的维管组织,用来运输水分和养分。另外,它们的身体表面有一层保护体内水分的角质层,还有可以调节水分蒸发的气孔。还有,光蕨孕育下一代的方式,也更加适应陆地干燥的生活方式。在其枝叶的顶端你会发现一个卷曲的孢子囊。它有着一个坚硬的外壁,能防止那些弱小的下一代受到伤害,或者因为阳光的直射过早干枯而失去了生命力。可以说,这个孢子囊就像一个防护坚固、食物充足、能遮风挡雨的"太空舱",为蕨类家族的下一代在陆地上扎根创造了条件。

和现在大家看到的高等植物晚辈们相比,这些"独门秘技"看起来是那么的简陋,但是,正是靠着这些简单有效的功夫,裸蕨植物已经开始慢慢地适应了陆地上的生活了,也为更多的水生植物能够成为陆地的居民创造了条件。

这些植物的先驱在当时盛极一时,但是它们在随后的漫长变迁中从地球上消失了,至今,人们只能从少量的裸蕨类化石中拼凑出这个植物界的登陆勇士们的生活片段,回忆起它们当时开拓陆地疆土的峥嵘岁月。

站稳脚跟的蕨类家族

踏着光蕨前辈的足迹,更多的蕨类家族成员登上了陆地,经过环境的洗礼,它们变得更加适应陆地的生活了,并且蕨类家族成员的足迹也开始扎根更广阔的大陆,成为亿万年来覆盖苍凉大陆上的绿色力量。

植物家族一直不会放弃前进的脚步。在裸蕨登陆成功后的500万年之后,蕨类的家族里又出现了两大有名的分支:一种是莱尼蕨型;另一种是工蕨型。由这两位"头领"带队出发,蕨类家族的势力迅速开始扩张起来。

其中重要的一支名叫莱尼蕨型植物,这个蕨类家族的分支在后来的漫长演化中,保留了两个茎枝的分叉,以及顶端还长着孢子囊的奇特外貌,开始有了自己家族成员的家族特性:小枝条逐渐变得扁平,朝着大叶片的结构进发,最后它们演变成为了高等的真蕨类植物。

另外一类是工蕨型植物。这种植物有了更为神奇的变化,它们在漫长的年代,本来光秃无叶的枝茎表面细胞突出体外,出现了像

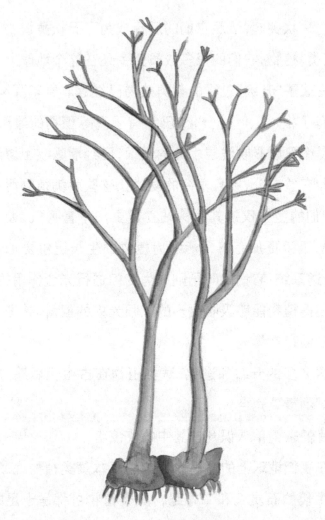

图为莱尼蕨。它是最早的原始陆生植物之一。因为莱尼蕨的化石是在苏格兰莱尼地区发现的，该地区是知名的早泥盆世植物化石产地之一，所以以该地区的名字命名了这一蕨类。

鱼鳞一样的片状突起,最后它们的后代成为了石松类植物和楔叶类(又叫节蕨类)植物,它们的很多成员至今还在这个地球上生存呢!

这些完成了"升级"过程的蕨类植物已经远非当年那么简单了。它们开始有了根、茎、叶的分化,已经有了高等植物的雏形:它们的根部不再是个只能吸收浅层水分的假根,已经能吸收土壤深层中更多的水分和有益成分,并且根系的发达让这些蕨类植物能站立得更加稳固;它们的茎不仅使其植株站立得更加笔直秀气,最主要的是体内的维管组织更加完善,能够为植物的生长提供更加快速的水分、养分输送系统;它们的叶子则成为专门进行光合作用的器官,叶片的增大使得植物能够吸收更多的太阳光中的能量,并把它们转化成有机物质储存在体内。

有了这么多的升级和进化,蕨类植物在古生代后期,成为装点"地球园林"的重要角色。

现在我们来简单认识几位其中的佼佼者。

与现在我们地球上的矮小、纤细的草本蕨类植物晚辈相比,在遥远的古生代的石炭纪和二叠纪,蕨类植物可都是十足的巨人一族,这些身材高大的乔木型木本植物,大多属于石松类的鳞木和属于楔叶类的芦木。

鳞木,单单从名字上判断,你肯定已经猜出来这类植物的特点

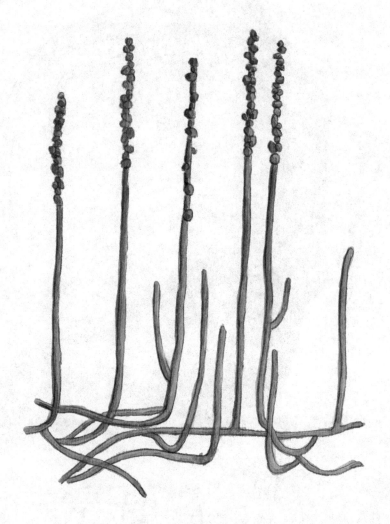

　　图为工蕨。它生长在早泥盆世时期,属于半陆生草本植物。工蕨
近地表的拟根茎部分生长出像"Ⅲ"形的特殊分枝。如果把"Ⅲ"放倒就
是汉字"工"字,所以植物学家命名它为工蕨。

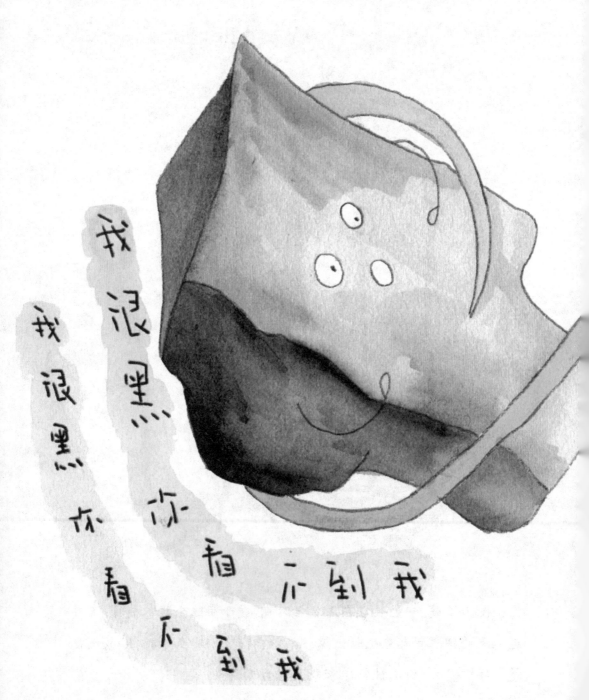

了吧?的确,它们的树叶脱落后会在树干上留下像鱼类鳞片状的痕迹,因此被称做鳞木。鳞木可是蕨类中的高个子,最高可以达到 30～40 米,相当于十几层楼房高,它们的腰围直径可以达到 2 米多。那时候,鳞木、芦木和封印木等蕨类植物组成了浩瀚的森林海洋。不过,鳞木在此后的地球变迁中,很不幸灭绝了。

鳞木和封印木、芦木等蕨类植物的树干在地下经过上亿年的演化,成为了今天人类重要的能源物质——煤炭,在这个世界上继续发挥着重要的作用。

芦木,它属于楔叶类植物。楔叶类是很古老的原始维管植物,构成一个纲或门,又称节蕨植物、有节植物。

它们生长在原始的沼泽里,最高可达 30～40 米,树干直径可能达到 1 米左右,但是它们的树干会像现代的楔叶类一样分成很多节,每一节可能会有 3～6 米长,细细的叶片就生长在节上,整个茎枝很像一柄巨大的扫帚。石炭纪生长的芦木叫做"古芦木",中石炭纪至二叠纪生长的叫做"芦木",三叠纪至中侏罗纪生长的叫做"新芦木"。这些身材足有现代的后代们几十倍的绿色巨人在二叠纪时就在地球上消失了,它们和鳞木

　　图为鳞木。鳞木是已经灭绝的鳞木目中最有代表性的一属,它出现于石炭~二叠纪(在地质史上是第一次大冰期),是石炭~二叠纪重要的成煤原始物料。

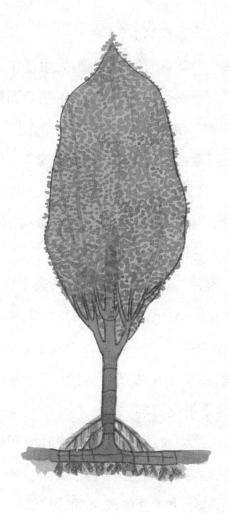

　　图为芦木。它也是一种古老的植物。属于蕨类植物木贼纲。这家伙个头比较高，最高可长到 **30** 米，竖立在地平面上，远远望去就像一座"铁塔"。

都是形成现代煤炭的原始植物。

　　再给大家介绍一种非常有趣的树蕨，它可是中国的特产蕨类植物。这种蕨类的化石特别有趣，它们的树干横切面很像一个六边形的八卦图。这种特殊的结构是因为组成它们的树干的中柱由7根维管束组合而成，这些直径10厘米的维管束像7个同心圆一样排列在厚厚的树皮中间，极像漂亮的六边形，因此这种树蕨也被称为六角辉木。只是，这种有趣的树蕨已经在二叠纪时期消失了，人们在云南等几个省份发现了它们的化石。

　　大自然的物竞天择法则总是那么无情，到了晚泥盆世，由于再一次造山运动的掀起，大陆上的气候变得更加干旱与炎热，在早、中泥盆世盛极一时的裸蕨家族由于适应环境变化的能力较弱，抵挡不住严酷的自然环境，逐渐地失去了生存的优势，渐渐地走向灭绝的道路，成为尘封于地下的化石群。

　　而承接了裸蕨类植物衣钵的石松类、楔叶类和真蕨类拾起这位植物前辈跌落在地的火把继续前进。这些蕨类植物更加符合那个年代的地球环境，成为陆地上生活的真正"居民"。

　　人们应该记住这个伟大的登陆植物家族，因为除了苔藓之外，此后的地球上繁衍数亿年的所有的高等陆生植物，都直接或者间接地跟裸蕨植物有着千丝万缕的亲缘关系。

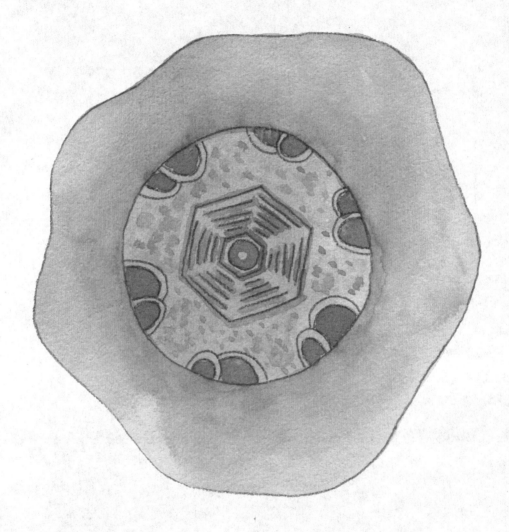

　　图为树蕨，又名六角辉木。这种中国特有的树蕨主要分布在云南地区，以及偏西南地区。树蕨的个子也很高，一般在十几米。它的叶子很发达，长得很大，一片叶子能长到 **2~3** 米。

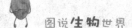

在五次物种大灭绝中，你们肯定还记得那次发生在泥盆纪的大灭绝。那次物种的浩劫几乎终结了"鱼类时代"，植物家族的很多成员也受到了株连，一蹶不振。就在那次大灭绝之后大约700多万年，也就是距今3.6亿年前，地球慢慢地从那次浩劫中恢复了生机，植物家族的历史又展开了一个新的全盛时代——石炭纪。

说这个时代是植物的全盛时代，是有原因的。因为，那时候的气候阳光充足，地球的海平面慢慢抬升，原来相对干燥的气候也变得温暖湿润起来，这样的环境非常适合蕨类植物的生长。

你们，见过蕨类植物吗？你肯定说，蕨类植物不就是那些喜欢蜷缩在阴暗角落里长着细长羽毛状叶子的矮小植物吗？但是你知道吗？与这些蕨类植物家族的后代们相比，蕨类前辈们在石炭纪可是高耸的参天绿色巨人啊。

那时候，地球上第一次出现了规模宏大的沼泽森林，适宜植物生长的环境使得树木在适合的阳光雨露滋润下，都长得特别高大，其中的代表植物就是石松、木贼等，再加上一些又高又细的树木，它们共同组成了地球上最早的森林。

虽然这些高大美丽的木本蕨类后来由于环境的变化等原因几乎全部从地球上消失了，只有少部分成员幸存下来，也都没有了昔日高大秀丽的神采，成了矮小、不起眼的"侏儒"家族。但是这些植物死亡后的大量植物残骸经过亿万年的沉积，成为了日后人类生产生活必不可少的重要能源物质——煤炭，这也是这个时代被称为"石炭纪"的原因。怎么样，让我们一起去看看这个神奇的造煤时期吧。

在石炭纪那些高大茂密的森林中，既有参天的乔木，也有茂密的灌木。石松类是其中主要的乔木种类，它们挺拔雄伟，成片分布，最高的石松类植物鳞木可达 40 米。

除了前面已经介绍过的鳞木，石松类乔木的另一个典型代表就是封印木了。它跟鳞木是近亲，家族成员全部是身材高大的乔木，不过比起鳞木家族来，它们的个头稍微逊色一点，但是最高的也可以达到 30 多米，几乎是 10 层楼房的高度了。它们的树干直径也超过了 2 米，已经是植物家族中出类拔萃的巨人族了。它们的树干很少分出来枝杈，长长的叶子一簇簇地生长在树干的顶端，茎上树叶脱离以后的痕迹很像印章的纹路，因此成了它们名字的由来。封印木的家族高大而且强壮，但是比较低等的身体结构让它们难逃被大自然淘汰的厄运。到了二叠纪的末期，封印木家族没有逃过干旱难熬的气候，成为了植物家族中消失的又一个物种，它们的"倩影"也只能在深埋地下的煤层中才能发现。

在远古森林的植物体系中，还有一类稍微低矮的灌木林，蕨类植物是其中的绝对主力，它们虽然相对个子低矮一些，没有乔木那

么高大秀丽,但是它们庞大的群体占据了森林的下层空间,它们密不透风地生长着,争抢着灿烂的阳光雨露。地球煤炭资源的构成中,这些低矮的蕨类家族是其中相当大的重要成分。

木贼类就是楔叶类灌木的代表,它们比起自己同门家族中的乔木类芦木简直是个小侏儒,身高只有 1 米左右,茎干直径最多只有20 厘米左右粗细,茎上分成了很多像莲藕一样的节,节间中空,这种多年生草本蕨类植物特别喜欢潮湿的环境,在河流沿岸和湖泊沼泽地带中经常能看到它们的踪迹。但是它们在二叠纪的末期也慢慢地被无情地淘汰掉,掩埋于地下成为煤炭的一部分。在现今的这个地球上,木贼类家族只有孤孤单单的一个族群存活,比起至今依然人丁兴旺的石松类家族,它们的后代实在是"后继乏人"了。

最后,我们再来看看真蕨类植物吧,真蕨类的叶片非常宽大,而且像极了鸟类的巨大翅膀。它们的外貌与我们现代能看到的一些真蕨植物后代们非常相似,但是这些绿色巨人的后代们大多个子变得非常矮小了,如果没有那个时代的化石"照片"来作证的话,人们肯定很难相信它们有过那么高大的祖先。

其实,真蕨类植物中除了数量以万计的低矮草本植物之外,还有一种最为著名的高大乔木——桫椤。在下一节里,我们会详尽地介绍它。

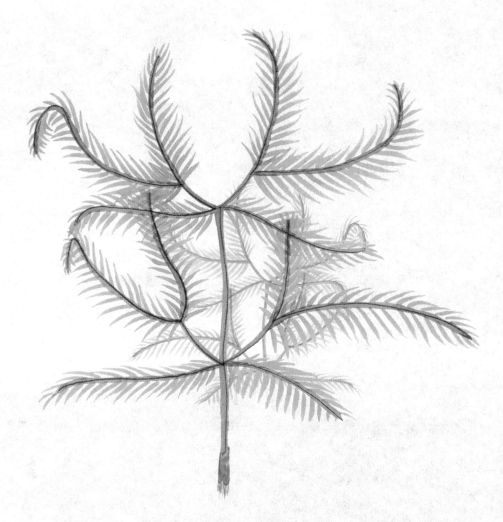

　　图为真蕨。真蕨大多数都生长在陆地上,少数的也能在水中生存。真蕨属于附生植物。什么意思呢?一般它不长在土地里,而是生长在别的植物身上,靠雨露、灰尘、腐叶等为生。

恐龙时代的植物之———桫椤

081

在上节中,大家知道了在远古时代,蕨类植物家族并不像现在大家看到的低矮晚辈们一样,它们大都是身材高大的巨人植物,但是,由于大陆地质构造的变化、气候的变迁,它们中的很多高大成员最早受到冲击,在漫长的植物进化史长河中消失了,它们残留下来的枝干、叶脉等被深埋于地下最终变成了煤炭。而其他有幸保存下的蕨类植物都是身材矮小的草本植物。

其实,还有极少数的大型木本类蕨类植物万幸躲过这些劫难,存活到今天,桫椤——这位跟恐龙同时代的陆上植物之王就是其中一个幸运儿。

桫椤被现代人发现是跟一个神奇的陆地联系在一起的。1642年,荷兰著名的航海家塔斯曼发现了地球上一块神奇的陆地——新西兰,他们登陆的时候惊奇地发现,一些在欧洲都是十分矮小的蕨类植物在这里都是一二十米高的巨人,这些茂密的树蕨形成了森林的主要部分。

这些高大的树蕨就是桫椤,它们仿佛是从远古的石炭纪穿越而来的。在恐龙称霸地球的白垩纪,这些桫椤可是那些身形巨大的食草恐龙的美味啊。虽然它们那些高达40多米的同伴早已经长埋地下成为了乌金——煤炭,但是一些幸运的同辈还是在地球的一个角落静静地存在了数亿年,仿佛历史在这里凝固了。

现在活在世上的这些桫椤的幸存者，大多可以长到 8 米左右高，那些生长在东南亚和中国的白桫椤可以长到 20 米高，而新西兰的一些品种甚至可以高达 25 米。虽然它们的身高已经不能再恢复到蕨类植物全盛时代的高度，但是在普遍低矮的当今蕨类植物世界中，它们已经是当之无愧的蕨类植物之王了。

这些高大漂亮的桫椤有着直立而且挺拔高耸的圆柱形树干，在树干的顶端生长着羽毛状的叶

片,如果把它的叶片翻过来,你
们可以看到很多星星点点的"虫卵",
其实它们并不是什么虫卵,而是承担桫椤
繁育后代重任的孢子囊群,在这些孢子囊中长
着许多的孢子,桫椤是不会开花的,当然也就不能像
现在的很多植物那样结出果实,它们就是靠这些孢
子来完成传宗接代任务的。

在中国,也有这种珍稀树蕨桫椤的芳踪。在 20
世纪 70 年代末,四川西部雅安的草坝合龙乡的核
桃沟里,发现了成片稀疏生长的桫椤树。在我国的云
南、贵州、四川、西藏等温暖湿润的区域,河边、溪谷两旁等阴暗潮湿
地方,也有它们默默无闻的身影。由于数量极其稀少,这些仅存的木
本蕨类中的"大熊猫"们,已经被列为国家一类重
点保护植物了。在桫椤的重要产地之一的
新西兰,也是世界上树蕨种类和数量
最多的国家,当地人们为了纪念这一
伟大的蕨类,把桫椤誉为新西兰的国花。

这样的殊荣给予蕨类植物家族中仅
存下来的优秀代表是不是实至名归呢?

承前启后的裸子植物

关键词：前裸子植物、戟枝蕨类、古羊齿类、种子蕨、髓木、科达树、大陆漂移、孑遗植物、石头森林

导　读：当蕨类植物风光无限，在植物界占据举足轻重位置时，一部分前裸子植物开始登上植物世界的舞台。前裸子植物的微管组织更为发达，为后来真正的种子植物进化提供了重要的演化方向。不过，在这一漫长的进化过程中，一些前裸子植物倒在了植物进化的道路上。

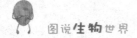

跨界的先遣英雄

时光像一条川流不息的河流,总不会停下它前进的脚步。植物家族的进化历史也像河流一样不会停歇。

蕨类植物家族发展的下一站就是号称完全适应陆地生活的种子植物阶段,植物家族要完成从半水生到完全陆生的巨大转变,还是一次非常大的跳跃,这中间有相当多的其他植物家族成员充当了其中的垫脚石,它们像一条摆渡的浮桥一样,在完成自己的使命后,又从历史的迷雾中消失掉,成为隐匿到幕后的无名英雄。

在人类认识植物家族的过程中,科学家们曾经发现了这样一类奇怪的植物,它们茎干长得像裸子植物,而它们的叶片形状则又是蕨类植物的模样,而且它们传宗接代的方式和蕨类植物并无二致,也是依靠孢子而不是种子来完成的。这类植物被认为是蕨类向裸子植物进化过程中的早期先遣部队,因此它们也被称为前裸子植物。

这类前裸子植物家族的成员们,虽然具有一定意义上跨界的双重身份,但是它们由于没有进化出"种子"这个关键的结构,它们其实还应该归队到蕨类这个更古老的家族群体里面。它们的家族主要包括戟枝蕨类和古羊齿类。戟枝蕨类主要是低矮的小乔木,古羊齿则是高大的乔木,甚至可以长到 20~30 米,它们的茎干粗壮,高大,具有和现代乔木相似的次生生长,也被大家称为第一种真正意义上的现代树木。

在泥盆纪,前裸子植物曾经是森林的重要成员,但是由于它们落后的植物形态慢慢不能适应环境的要求,前裸子植物家族渐渐淡出了历史舞台,在石炭纪的时候它们的家族基本上已经消失得无影无踪了。前裸子植物在进化的道路上完成了它们的使命,在它们消失不久,一类真正的种子植物开始登上历史的舞台。

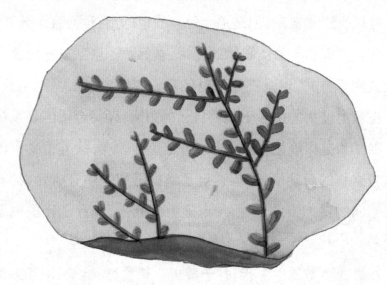

图为古羊齿类化石

种子蕨——沟通两界的桥梁

说起种子蕨，它应该是植物家族中最早拥有种子的一种植物了，虽然它们从外貌上看，跟其他蕨类有着很相像的叶子，但已经拥有以种子进行繁殖的形态，因此它们也名正言顺地被划归到了更高级的植物群体里面。

其实，在蕨类植物繁盛的石炭纪，种子蕨可能已经在前裸子植物的基础上进化出来，但是那个时候的地球，温暖而且十分潮湿，这样的环境更有利于蕨类植物的生活，虽然种子蕨家族已经拥有了更高级的繁育方式，但是在那个时代它们的历史地位并不明显，只能屈居在蕨类植物的阴影下积蓄自己的力量，期待合适的爆发机会。

到了二叠纪晚期，气候转凉而且变得干燥，蕨类植物不能很好地适应这样的新环境，逐渐退出了植物王国的中心舞台，种子蕨类等裸子植物更加适应环境，便迅速繁盛起来，填补了巨型树蕨留下的空白。

在恐龙称霸的中生代，种子蕨类为草食恐龙们提供了大量的食物，不过所有的种子蕨在恐龙灭绝之前就已经从地球上消失了。

　　图为种子蕨。种子蕨,顾名思义,就是带有"种子"的蕨类植物,但它与真正的蕨类植物也有区别。因而种子蕨又称"裸子植物"。它主要活跃在三叠纪和侏罗纪,在白垩纪初期灭绝。

种子蕨的身份其实十分尴尬,它们的叶子大多是典型蕨叶型的
羽状复叶,这很容易让人觉得它们还是蕨类家族的成员。但是,它有
着更高等植物的种子结构。而另一方面,种子蕨虽然有了种子,却没
有胚;虽然有了花粉粒,但是还没有花粉管,也就没有花。这一方面
证明了种子蕨是处于原始状态的种子植物的先驱,另一方面也证明
了植物系统发育中种子的出现早于花和果实。

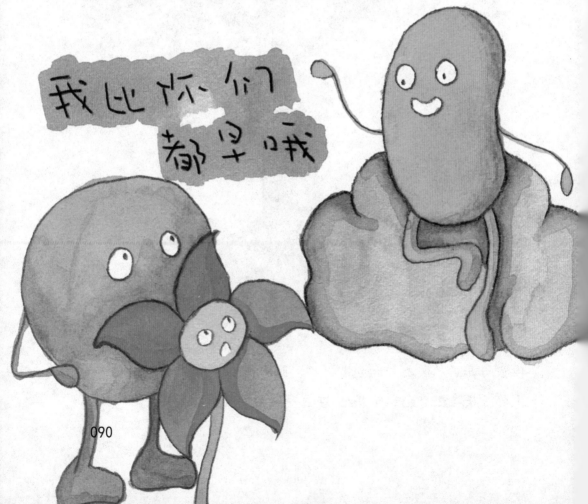

在种子蕨家族中,也有"超级明星",这位"超级明星"就是髓木类植物。

它们可能是种子蕨家族中的巨人了,身高达到 10 米,茎干的直径最大有 0.5 米。最有趣的是,它们大多长有非常夸张的大型叶片,在考古发现的化石中,人们就曾经看到过长达 7 米以上的巨型叶片。现在看起来,是不是很"威风"呢?

此外, 还有一种跟种子蕨一样较原始的裸子植物——科达树。它们于晚泥盆世已开始出现,晚石炭世至二叠纪最为繁盛,到三叠纪逐渐衰退并很快灭绝。

科达树是古生代晚期森林中的重要树种之一, 是高大乔木,它们一般都具有大型羽状复叶,树干高大,树顶由浓密的枝叶组成茂盛、庞大的树冠。树干高可达 30 米,直径 60~90 厘米,枝上长着螺旋状排列的单叶。这种高大的科达木消失后也成为生成煤炭的一个重要来源。

虽然,庞大的种子蕨家族成员们最终还是在一亿多年前就从地球上消失了,但是它们还是一群值得我们纪念的族群,正是有它们的承上启下,填补了从蕨类到裸子植物的空白,才使得植物家族的火把一站站地传递下去,也才最终有了遍布地球的被子植物等装点人们绿色家园的主流树种。

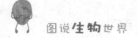

　　图为髓木。髓木虽然叶子长得小小的、圆圆的,可是它的种子非常大,它们正是靠这些大个头的种子繁殖后代。髓木是石炭纪晚期典型的植物之一,它主要生长在沼泽地带。

大陆漂移的证人

你知道人们利用一种小小的种子蕨化石破解了一个关于地球大陆的千古谜团吗？一个化石怎么能有这么大的作用呢？

1912 年，德国气象学家魏格纳正在病房养病，面对一张世界地图，他发现，非洲大陆的一角和南美洲的西海岸正好能吻合在一起，难道两块大陆原本是一大块？因此，他大胆地提出了一个学说，叫做"大陆漂移说"。

这个学说认为：地球上一块块分散的大陆，在很古老的时候，是连在一起的。后来由于地壳的活动，古老的大陆裂开了，开始"漂移"，逐渐形成了今天地球上的大陆分布。

同时，"大陆漂移说"还指出：南极大陆在 2 亿多年前，并不在现在的位置上。当时它和南美洲、非洲、澳大利亚、印度半岛、阿拉伯半岛等连在一起，这块古老的大陆就叫冈瓦纳大陆。

这个设想，在当时可是一个惊世骇俗的想法，人们都在怀疑，如果说它们曾经是连在一起的陆地，有没有经得起考验的证据呢？

几乎是同时，一队英国探险家们在极度寒冷的南极考察，意外

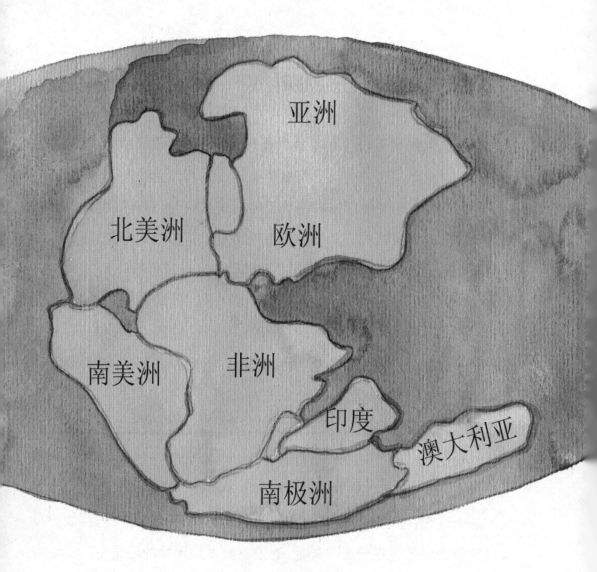

图为大陆吻合假想图

地在南极的岩层中发现了一块改变人们想法的古代植物化石。通过这个植物化石，人们推测，在一片汪洋的南极洲，曾经有过大陆板块漂移过来，并带来了一些植物。这块古代植物化石就是一个例证。

这种古老的植物化石是什么呢？原来，它是一种古老的羊齿植物，生活在距今大约 2.5 亿年以前，它的叶子宽大，样子非常像羊的舌头，因此，科学家就叫它"舌羊齿"。

在今天的地球上，还有羊齿植物家族后代们活动的踪迹，它们常常生活在温暖、潮湿的森林里。它们不开花，也不会结果实，它们依靠那些细小的孢子来繁育新的生命。在今天的植物家族中，不起眼的羊齿植物只能算是一种比较低级的植物了。

可是，在距今 2 亿多年前，它们可是当时地球上茂密森林的主要构成者，它们大多有着高大的树干，是当时一种很风光的植物。

但是，后来地壳发生了变动，它们被淹没在了地层下面，经过岁月的沉淀成为了煤炭。

而以舌羊齿植物构成的煤层在南极十分常见，

整个横断山脉几乎到处都可以找到它们的身影，其储量也极为丰富。

这些证据，也可以清楚地告诉大家：当时的南极曾经是羊齿植物盛极一时的地方。

这些喜爱湿热环境的羊齿植物为什么会在极度严寒的冰雪世界被发现呢？再后来，人们又在其他几块大陆上，几乎都找到了舌羊齿植物化石，而且分布得很有规律。

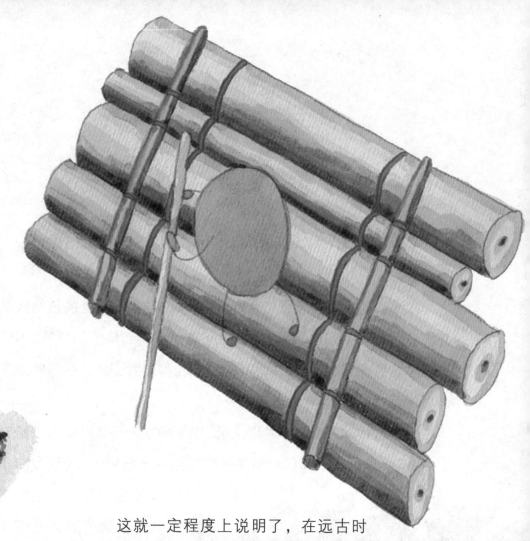

　　这就一定程度上说明了，在远古时代，冈瓦纳古陆上的气候环境相当的温暖湿润，很适合高大的舌羊齿森林的生长。

　　只是，随着古代大陆的漂移，才让这些化石漂洋过海到了冰雪南极。

　　怎么样，神奇吧，植物家族的舌羊齿植物是不是为人类了解自身的历史作出了不小的贡献呢？

时间老人遗落的珍珠——孑遗植物

在漫长的植物家族历史上,有很多"印刻"在化石上的植物成员其实并没有真的消失,它们像被时间老人散落到地上的串珠,不经意间可能会在某个不起眼的角落里重现。科学家们叫这些植物为孑遗植物,水杉就是其中最著名的一种。

早在水杉被人们重新发现之前,植物学家已经通过化石来研究这种被认为已经消失了的早期裸子植物了。但是,1943年,一位中国植物学家在我国四川万县磨刀溪旁发现了3棵从未见到过的奇怪树木,其中最大的一棵高达33米。后来的研究,让世界植物界震惊了——它就是亿万年前在地球大陆生存过的水杉,水杉从此被称为"活化石"植物。

在 1 亿年多前的白垩纪,地球的气候十分温暖湿润,那时候水杉家族的子民们已经遍布北半球,是一种常见的森林树种。但是,后来的冰河时代到来,地球上新生了大量的冰川,水杉受到环境变化的影响相继灭绝,只有一小批子民在我国华中地区幸存下来。在水杉惊现之前,科学家只能是在白垩纪的地层化石中领略它们当年的风采。水杉树干秀丽挺拔,树形秀丽,有着东方古典的美感,因此,现在世界上有 50 多个国家先后引种这位植物家族的东方美男子,让当地人都能目睹这种从亿万年前走到今天的神奇植物。

和水杉一样,红豆杉也是一种标准的松柏类的活化石。它们家族的历史甚至要比水杉还要古老久远,人们在 2 亿年前的三叠纪末期的地层中发现过它们家族的"倩影",但是到了冰河时代,它们

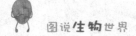　　　　　　　

家族受到冲击凋零破碎了，只有少数的"遗老遗少"存活到现在。

目前红豆杉家族主要生活在北半球，它们的家族成员既有大型的乔木也有灌木。它们有着鲜红可人的红色果实，但是这种果子是有毒的，如果被人吃下肚子，会导致上吐下泻。

直到 20 世纪 90 年代，科学家发现红豆杉中提炼出来的一种叫做紫杉醇的化学物质具有抗癌的神奇功效，红豆杉的命运之舟就开始驶入不平静的惊涛骇浪中。

由于人们对红豆杉提取物紫杉醇的大量需求，野生的红豆杉开始遭遇了灭顶之灾。红豆杉的树皮内紫杉醇含量较高，但是红豆杉在被开膛破肚之后，难免会死于非命，因此，很多地方野生红豆杉遭到了极大的破坏。

逃过了大自然的灭绝，却难逃人类无止境的掠夺欲望，对于红豆杉家族来说，不能不说是一种悲哀。如果哪一天地球上只有人类而没有了其他的物种，这可能是最大的悲哀吧。

苏铁其实也是裸子植物中的老字辈。它们家族的历史也应该距今有 2 亿多年的历史了，前身可能是起源于种子蕨的髓木，从化石的"照片"底片来看，侏罗纪以前的一些苏铁类的叶片不是叉开的，跟现在漂亮的羽毛状叶片有很大的差距。

在恐龙统治地球的时代，也是苏铁类植物家族鼎盛、风光的时期,但是后来苏铁家族慢慢地被植物进化的车轮甩下,很多现存的苏铁也成为了濒危的植物种类。

　　还有一些非常著名的其他子遗类裸子植物,比如有活化石之称的银杏等,它们很多还保留着亿万年前最初来到地球的样子,对于希望了解地球历史的你们来说,它们可以说是活教材了。

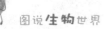

石头森林

　　你们见过全部是石头树木的森林吗？它们可不是人们用水泥堆砌的建筑，而是数亿年前的树木经过长时间形成的化石森林。现在，就让我们一起走进中国新疆准噶尔盆地的这片神奇的石头森林吧。

　　如果你走进准噶尔东部的石树沟，你肯定会被眼前的一切惊呆的。在这片不太大的水流冲击成的沟中，地面上裸露着上千株巨大的参天古树化石，人们仿佛一下子贸然闯进了一个远古的茂密森

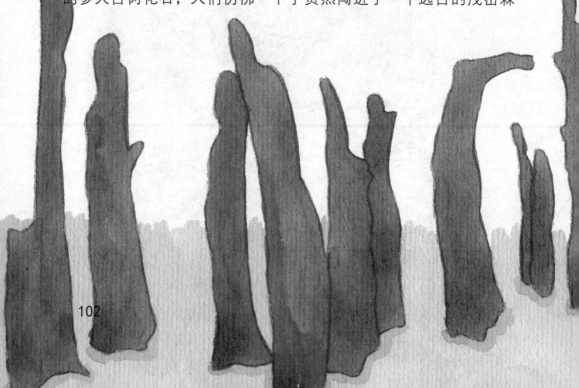

102

林。在这里，你会惊奇地发现这些石化的树木虽然经过了上亿年的岁月冲刷，但是它们的树皮、纹路、年轮等依然是清晰可辨，甚至那些果实还能非常清楚地看到。

这些石树可是有非常悠久的历史了，它们是普遍生长在侏罗纪时代的裸子植物的残骸。它们巨大的身形让现在的很多树相形见绌，一个粗大的树墩竟高达 3 米多，树墩的直径最大的达到了 2 米多，它们发达的根系在地表下面竟然延伸出去 30 多米远。可想而知，这个树以前是何其的壮观！

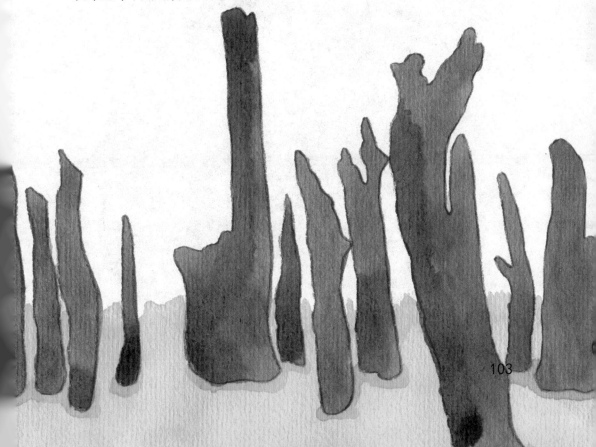

　　有些树木横七竖八地倒卧在地上，它们的树干断裂成好几节，但是它们的长度都达到了让人瞠目的程度。目前发现的一棵最大的石树就长达 25 米多，直径达 2.5 米，以此推算，这些参天大树在遥远的侏罗纪可能会有超过 80 米的身高啊。

　　这些石化树虽然经过了亿万年的时光，但是它们还是很好地保留了它们当年生存于这个世界上的姿态。这些宝贵的树木化石对于人们研究那个遥远的年代是非常有帮助的。

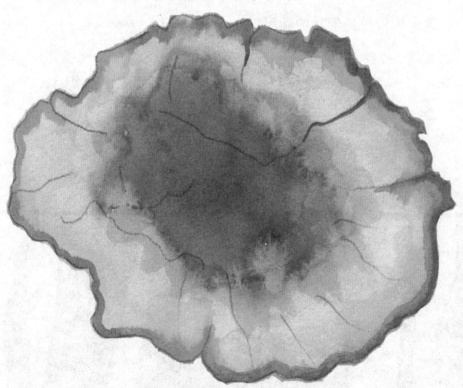

大家肯定很奇怪，为什么原来的木头会变成坚硬无比的石头呢？其实，距今1.5亿年前，这些参天的树木由于各种原因倒伏在地，成为植物的残骸。在此后的岁月中，富含硅的矿物质水溶液渗入这些树干的内部，而硅其实就是石头的组成元素。硅和树干两者混合在一起发生了奇妙的变化，这些微晶质矿物质填充到树木的细胞和细胞间隙中，长期的融合让含硅的矿物质和树木的组织发生了交换，使原来的木头渐渐地成为了含硅的木化石，经过了漫长的岁月，虽然保留了树木形态，但是材质却成了硬邦邦的木化石。

　　而后，在此后漫长地壳变化中，这些已经石化了的树木被掩埋进土地中，它们的样貌才得以完整地保存至今。后来，由于风雨的侵蚀，雨水的冲刷，它们中的一些石化木重现天日，但是还有更多的石树仍然被埋藏在地下。经过了岁月的雕刻，这些石化树木的本来面目已经变得很难看清，对这些树木的身份大家存在着不同的看法，一种说它们是裸子植物中的松柏类的一种，但是也有人们把它们当成南洋杉类型，而现存的南洋杉家族主要居住在南美洲。如果这些远在中国新疆的树木化石真的和南美洲的南洋杉具有相同的起源的话，那么现在远离海洋身居大陆内部的新疆，在遥远的时代是不是与南美洲大陆有着某种亲密的联系呢？

　　石化树木在世界上很多地方都存在，目前最大的木化石发现于美国,它的树干有 30 多米长,是个十足的巨人。另外,石化树木的颜色还会有多种多样的变化,二氧化硅的木化石大多是灰色的,而铜、钴、铬等元素的木化石通常是蓝色或者绿色,含铁元素的则就是红色。这些奇光异彩的化石木还被人们打磨后做成精美的工艺品,美化人们的生活。

看过这些植物家族成员的精美化石,你是不是也很希望能自己亲手解开这些笼罩在化石木上的谜团呢?

寻找世界上第一朵花

关键词：被子植物、植物起源与演化、达尔文、世界最早的花、辽宁古果

导　读：在生物进化史上，有一个难题，即被子植物的起源与演化，曾经难倒过著名的生物学家达尔文，迫使达尔文不得已将被子植物的出身之谜归结为一个"讨厌之谜"。

达尔文的"讨厌之谜"

周末的休闲时光,当你们徜徉在鲜花丛中的时候,你是不是被鲜花装点的世界陶醉了呢?可是,你知道吗,世界上并不是一开始就是鲜花遍地的。你想知道世界从曾经的单调色彩中跳出来第一抹彩色的花朵是在什么时候吗? 世界上第一朵花又是什么样子?

如果你翻开植物家族那本厚厚的族谱,被子植物出现的位置可是比较靠后的。

比较早的被子植物化石出现于早白垩纪的晚期,到晚白垩纪的时候,被子植物的生长已经渐渐地普遍起来。以后,由于它们更加适合陆地的生活,逐渐开始成为植物世界的强者。虽然跟其他种类的植物比起来,它还是小字辈,但是正是由于被子植物的出现,才使得这个世界有了真正的花,哺乳动物也才能发展到更高阶段。

刚才这些解释,可能会让你有点茫然。其实,植物家族的重要成员——被子植物的名称让一些人觉得很陌生,但是人类的生活其实时时刻刻都离不开被子植物家族成员的贡献。比如,人类吃的主食小麦、稻米,身上穿的棉花织物,车船上的木材,包括美化这世界的鲜花,它们可都是被子植物家族的成员啊。

怎么样,被子植物家族跟人类的关系是不是十分的亲密啊?

不仅如此,目前这个大家族被人类鉴定出来的成员超过了 27 万种,几乎是世界上现存植物种类的一半以上。被子植物还是植物家族里面发展最高级、最繁荣和分布范围最广的家族,是植物家族里最杰出的代表。

能否破解植物家族里这个最杰出代表的起源和演化之谜,一直是生物学家追求的目标。人类认识被子植物家族庐山真面目的过程并非一帆风顺。

　　100多年前,英国生物学家达尔文曾经对这个问题产生了浓厚的兴趣,然而,该个问题就像一个毫无头绪的杂乱线团。原来,达尔文通过研究发现,当初的被子植物好像是一夜之间就成为了白垩纪的新"公民",而关于这类植物的出身线索似乎深深地隐藏在历史的底层。

　　深信物种的进化总是有规律可循的达尔文,被这个进化史上的"意外"困扰着,达尔文不得不将被子植物的出身之谜归结为一个"讨厌之谜"。

　　这个让大生物学家达尔文迷惑的问题,100多年后,随着一颗生长于1.45亿年以前的果子化石的发现而峰回路转。这枚叫做"辽宁古果"的小小的花朵化石的出现,为解开这个"讨厌之谜"提供了有力的证据,因此,它也被称为"世界最早的花"。

110

辽宁古果是第一朵花吗?

让我们来看看这朵震惊世界的小花朵吧。"辽宁古果"从表面上看,它没有真正的花瓣出现,它的化石是由两个伸长的枝叶组成的化石植物,看起来柔弱而且其貌不扬。最重要的是在它的枝条上生长着40多枚类似豆荚的果实。让人们为之心动的是,这块石头来自于距今1.4亿年前的侏罗纪晚期。你也许会很奇怪,这些只是普通的豆荚啊,为什么说是"第一朵花"呢?道理其实很简单,只有花的结构进一步地发育才能形成果实,而真正意义上的果实只能由花形成。这就是说,找到了最古老的果实,也就意味着发现了最古老的花。而真正的花朵,由于太过娇嫩,几乎没有形成化石的可能,也更为罕见。

在发现辽宁古果之前,发现于美国加州的洞核(即果实化石),曾经带着最古老的花朵,它距离现在也有1.2亿年的悠久历史,但是辽宁古果的发现,将被子植物家族现身世界的历史又往前推了大约2000多万年。

其实,植物世界的花也不是一夜之间冒出来的,它们的出现也

111

肯定是一个逐渐演化的过程,在这个演化的过程中一定会有一种似花非花的形态,也许我们现在看到的辽宁古果正是记下了这样一个历史的瞬间。

其实,人们认识植物家族的过程都有一个长期深入的过程,也许辽宁古果并不是真正意义上的"第一朵花",但是人们孜孜不倦的求知精神总会有一天能触摸到历史的真相。随着地层中的化石"照片"不断地被发现,恐龙时代花朵的真面目总有一天会呈现在世人面前。或许你也能为这个发现过程作出自己的贡献呢!

112

我是世界上最早的花

这些年"球籍"难保的植物

关键词:卡伐利亚树、圣海伦娜橄榄树、伍德苏铁、百山祖冷杉、鹅掌楸、望天树、珙桐、大树杜鹃、天目铁木、金花茶、普陀鹅耳枥

导　读:由于自然进化、生态环境失衡、工业污染、人为破坏等因素,导致一些植物灭绝,一些植物濒临灭绝的境地。这些稀有植物的灭绝,引起人们的关注,并通过各种方法来保护这些即将灭绝的植物,希望藉此呼吁人类对地球大家园的呵护与关爱。

卡伐利亚树与渡渡鸟的生死之交

你听说过一种树木的生死跟一种鸟的存亡紧密相连在一起的故事吗?你一定会很奇怪,真有这样的组合吗?那我们就来认识一下这对建立生死之交情谊的好搭档吧。

你知道毛里求斯这个神奇的岛国吗?它在靠近非洲马达加斯加岛的印度洋上,一个火山岛国。这座美丽的岛屿上曾经茂密地生长着一种特有的树种——卡伐利亚树。

但是,在 16 世纪时,欧洲殖民者踏上该岛之后,进行过度开发,岛上的原始森林开始逐渐消失。如今,岛上的原始森林几乎消失殆尽,卡伐利亚树也几乎走到了灭绝的悬崖边上。

卡伐利亚树是一种高大的热带乔木,身高可达 30 多米。由于这种树木的木质非常坚硬,而且很细腻,非常适合制作精美的家具和手工艺品,因此,它们的命运笼罩上了一层阴云。人们举起的斧头不断地挥向这些高大的树种,珍贵的百年树木就这样被当做优质木材出口到世界各地。经过几百年的砍伐,今天岛上残存的卡伐利亚树已寥寥无几,而且都是一些风烛残年的老树。

时间到了 1982 年, 美国威斯康星大学的一位动物学教授斯坦雷·坦布尔踏上了这座岛屿, 对岛上的卡伐利亚树作了几个月的深入研究。他发现了一个惊人的现象,就是虽然每年卡伐利亚树都在开花结果,但是它们的种子几百年来竟然没有一颗发过芽,也就不

好搭档

可能有新的幼苗诞生了。

　　这里有什么奇怪的原因呢？他同时发现,20
世纪 30 年代，人们也曾经尝试过种种办法让这些
卡伐利亚树的种子发芽，但是人们的种种努力都付诸东流，
尽管办法用尽，种子还是包在一个坚硬的壳子里，没有任何生命发
生的迹象。

　　坦布尔决心解开这个树种不发芽的谜团。好在他还是一位资深

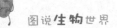

鸟类研究学者,他同时发现除了一种鹦鹉会偶尔吃下卡伐利亚树的果实之外,没有鸟类愿意去尝试这种坚硬的大型果实。于是,他想,果实不发芽是不是跟鸟有某种千丝万缕的联系呢? 于是,他从鸟类这个线索展开了调查。

原来,在毛里求斯岛上曾经存在过一种体型比较大的鸟类——渡渡鸟,它们的高度能达到 1 米左右,胖胖的身材,翅膀却是退化了,几乎飞不起来。这种鸟类可是毛里求斯岛上仅有的品种。早先岛上渡渡鸟很多,它们生活在丛林中,以植物的果实为主要食物。它们体型很大,卡伐利亚树的果实也曾经是它们食谱上的美味。但是欧洲殖民者来到了岛上之后,开始将这种鸟类作为美食,导致了它们的大量减少。而且,原来岛上根本没有牛羊猫狗一类家畜,这些外来动物的到来,破坏了渡渡鸟的巢穴,吃掉了鸟蛋,也加剧了渡渡鸟的减少。终于,1681 年,最后一只孤独的渡渡鸟在人们的枪口下丧生,这种鸟类灭绝了。

坦布尔脑子里蹦出来一个大胆的推想:渡渡鸟和卡伐利亚树基本上是同时存在的, 会不会是渡渡鸟吃下了卡伐利亚树的果实,而树的果核在渡渡鸟的肠胃里经过"加工"后,种子才有了发芽的机会? 渡渡鸟的肠胃相当于一个卡伐利亚树种子发育的"育婴室"?

你们觉得这个想法是不是太离谱了, 果核的外壳那么坚硬,鸟类有那么大的本事吗?其实,你可不能小瞧鸟类的胃啊。鸟类虽然不能像哺乳动物那样长着锋利的牙齿来咬碎食物,但是鸟类都有两个很强劲的胃——腺胃和肌胃。腺胃分泌了消化食物的消化液,肌胃通过强力的收缩来挤压、研磨、搅拌、消化食物。鸟类的胃就像一个强大的食物消化工厂,有着惊人的研磨能力。火鸡的肌胃甚至能把铁钉子弄成弯弯的鱼钩状,还能把小钢珠磨坏,这样你就知道它们的胃有多么大的力量了。

其实,早期的欧洲探险者在刚到毛里求斯岛,在宰杀渡渡鸟的时候,就曾经发现它们的胃里面有着特殊的"装备"——玄武岩的石块,这些拳头大小的石块是用来磨碎食物的"设备"。

但是渡渡鸟已经完全从地球上消失了,怎么来完成这个将种子"叫醒"的任务呢? 坦布尔想到了体型跟渡渡鸟很像的火鸡。他把卡伐利亚树的果核喂给火鸡, 经过火鸡的肠胃粉碎和加工的果核,比原来的壳薄了许多。坦布尔将这些"加工"过的果核种到土里，竟然有三颗种子神奇地长出了嫩芽。

　　这个实验说明了一个事实，卡伐利亚树果核的发芽应该是跟渡渡鸟的肠胃有着"紧密"的联系，它们的种子必须经过渡渡鸟肠胃的研磨才能发芽，渡渡鸟的消失，也让卡伐利亚树走上了灭绝之道路。

　　这个动植物间"唇亡齿寒"的传奇故事，揭开了卡伐利亚树的消失之谜。

　　由于坦布尔教授的研究成果，卡伐利亚树的命运才有了转机。现今，毛里求斯已经开始用更加科学的方法来培育新的卡伐利亚树的树苗。这种已经站到灭绝悬崖的树种又吐出了新的嫩芽，生命的奇迹正在延续。

圣海伦娜橄榄树

圣赫勒拿岛是南大西洋中的一个火山岛，至今依旧十分荒凉，由于人迹罕至，岛上生存着很多独特的动植物。著名生物学家曾经登上这个岛屿，当他看到巨型的乌龟，花色奇特、翩翩飞舞的圣赫勒拿蝴蝶穿梭在鲜花丛中时，不仅感叹这座小岛是"物种天堂"。

这个岛上还生存着一种独有的橄榄树——圣海伦娜橄榄树，这种长着五角星形小花的稀有橄榄树种，种子的传播主要是随着鸟类的粪便传播。很不幸的是，2003 年，这种珍贵的橄榄树家族最后一个成员枯死，它的灭亡又为现代灭绝植物目录中添加了一个名字。

缺少伴侣的孤独铁树——伍德苏铁

伍德苏铁是伍德于 1895 年在南非发现的。它是世界上非常珍稀的一种植物，全世界范围内的伍德苏铁也只有几百棵，人们已经基本宣告了它们家族的灭绝。

这么说，你肯定会非常纳闷：有很多植物家族的成员数量比它们要少得多，伍德苏铁家族还有几百个成员，为什么要宣布注销它们的家族名号呢？这是因为，伍德苏铁是一种雌雄异株植物，雌花与雄花分别生长于不同的植株上，雌雄异株的种子必须经过传粉、受精等过程才能形成，单性的植物是没有办法完成这一个过程的，而到目前人们发现的所有现存的伍德苏铁都是雄性的。我们常见的银杏也是雌雄异株植物，它们的果实白果只生长在雌株上，而且要想完成繁衍下一代的任务必须有雄株为它传粉。

让一个单一的雄性植物繁育下一代，除非它们都喝了《西游记》中西凉女国子母河的河水，才能发生奇迹。一个由纯粹雄性组建的家族，结果是注定要走向灭亡。

全球唯一的一株野生伍德苏铁是在南非诺耶森林边缘由伍德

先生发现的,这株伍德苏铁成了伍德苏铁家族唯一的独苗火种。尽管今天很多植物园里都有种植伍德苏铁,但从根本上说,这些都是来自伍德发现的那株植物。由于发现的是雄株,没有雌株,所以不可能产生伍德苏铁的种子,这种植物当然不能通过种子繁殖,只能通过将这些苏铁根部长出来的小枝桠切下移栽的方法进行无性繁殖。

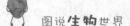

虽然,目前伍德苏铁的繁殖可以依靠"插柳条"那样的人工无性繁殖,但是这样移栽的所有伍德苏铁依然还是雄性的,自然状态下还是没有办法实现种族的种子繁育。

科学家们为了营救这个濒危的植物家族做了很多努力,他们想到了用伍德苏铁的近亲植物杂交的方式繁育后代,但是苏铁的生长极为缓慢,需要 12 年才能完全成熟,如果想得到比较纯种的杂交后代需要 60 年以上的时间。而且,让科学家们郁闷的是,不管杂交繁育多少代,得到的绝对不会是纯种的伍德苏铁。

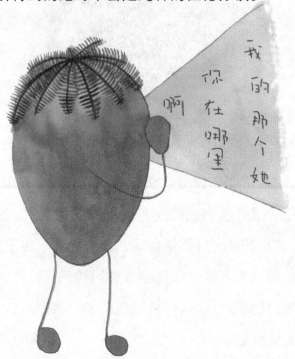

植物中的"大熊猫"——百山祖冷杉

松柏类的植物大多是长寿的树种，它们中的很多长寿之星，都有着悠久的家族历史，是印证植物历史发展脉络的"活化石"，百山祖冷杉就是其中的典型代表。

百山祖冷杉是一种中国特有的松科常绿乔木，它们的身高可以高达 17 米，这是近年来才在我国东部首次发现的。它们属于冷杉属植物，目前它们家族的成员仅生活在我国的浙江南部百山祖南坡的高海拔丛林中。这种杉树的家庭成员极其稀少，目前在号称浙江第二高峰的百山祖主峰西南侧，仅有 3 株自然生长的这种冷杉树。

因为，这种孑遗冷杉植物的物种极其稀有，正濒临物种灭绝的境地。1987 年 2 月，国际物种保护委员会将百山祖冷杉列为世界最濒危的 12 种植物之一，人们为这种植物的生存敲响了警钟。

为什么这种冷杉在全世界数量这么稀少呢？又是什么原因让这种高大、挺拔、伟岸的树中君子走到了灭绝的悬崖边上的呢？

探寻这个问题的根源，还得从百山祖冷杉家族多舛的命运说起。在植物家族的族谱中，冷杉是古老的裸子植物松科中的一个成

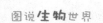

员。冷杉属家族全世界有 50 多种，百山祖冷杉是在中国发现的第 19 种冷杉。

　　每一种植物都有它们自己喜爱的生活环境,而冷杉家族的植物大多喜欢居住在寒冷潮湿的高海拔地区,它们家族的名称中带有一个"冷"字,也是来源于此。在遥远的第四纪冰川时期,那时候,地球的气温呈现不断下降的趋势，寒冷潮湿地带的面积不断地扩大,甚

至一些靠近南方的地区也都成为冰天雪地的世界。这种严寒反而给了冷杉类家族扩大自己家族领土的绝好机会。那时候,冷杉家族的成员们伴随着飘飞的雪花,将自己的子孙们带到了很多原来比较暖和的地区安家落户。这个时候,地球上冷杉家族的分布相当广泛。

但是,好景不长,冰川期在后来的地质年代中慢慢地过去,地球的温度慢慢地回升,寒冷的地方又变成暖和的气候,喜欢寒冷的冷杉家族也只能随着寒冷的离去而节节败退,它们的家族成员纷纷向高寒的山岭或者更冷的北方地区进发。因此,它们的家族成员大多在崇山峻岭之上寒冷潮湿的地方安营扎寨,它们原本浩浩荡荡的大部队被分散成了一个个像孤岛一样分散的小分队。

百山祖冷杉的厄运还不仅仅如此。人类活动对于冷杉生存空间的影响使得冷杉家族占山为王的"孤岛"面积越来越小,而且浙江当地的不少森林又被人的烧荒行为付之一炬,部分百山祖冷杉的成员也葬身火海。由于大部分的成员生长在低洼潮湿的地方,个别冷杉种群还是躲过了这些灾难。

在冷杉家族生存的森林世界中,不同树种间的竞争也是十分激烈的。由于冷杉类植物大多并不是强势的植物类型,它们的空间也被其他木本植物家族的势力所蚕食,渐渐变得人单势孤。

松类家族的繁育方式大多是风媒花,它们的花朵授粉需要风来

助一臂之力,但是,冷杉类开花的时节正好赶上雨季,雨水往往会将花朵上的花粉冲刷下来,而没有办法完成风中传粉的过程,授粉不成就不可能产生培育下一代的种子。而且百山祖冷杉的家族成员太过稀少,种群分布又比较集中,这种近亲繁殖的影响也成为它们家族日渐式微的一个可能因素。如果人类不能及时伸出援手的话,百山祖冷杉的命运可能会更加不堪。

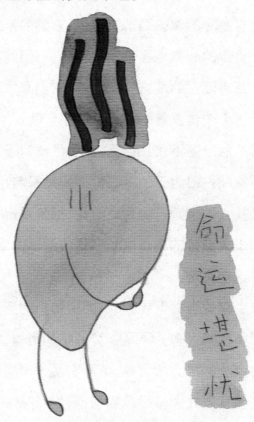

马褂树——鹅掌楸

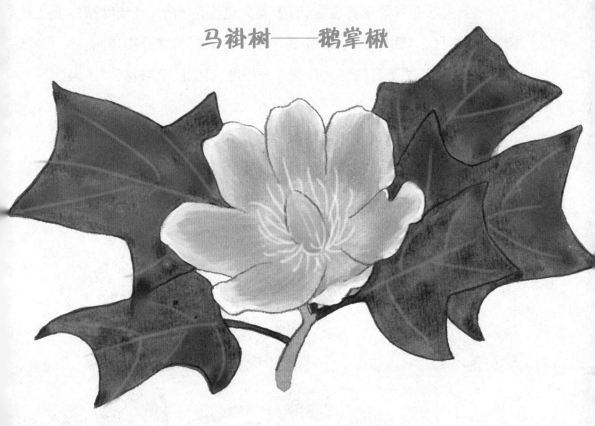

　　你见过这样一种树叶吗？叶片的顶部是平的，像一件马褂的下摆；叶片的两侧稍微弯曲，很像马褂的腰身；叶片的两边突出一部分，简直就是马褂的两个长袖子，远处望去，就像挂满了一树小马褂，还像一对对白鹅的小脚掌，十分有趣。

这么形象有趣的树叶，就是下面故事的主角——鹅掌楸。

它就生活在我国南方地区，有着高大笔直的树干，枝繁叶茂的树冠，树高可达 60 米以上，胸径 3 米左右。它们的花开在枝头，鹅黄色花朵，跟荷兰著名的郁金香花十分相像。因此，又被称为"中国的郁金香树"。

你可别小瞧它，鹅掌楸可是植物家族中有资历的老前辈，在 1 亿年以前，它的先人就已经开始在地球上生活了，算得上非常古老的被子植物了，也是一种非常有名的子遗植物。研究它们家族的历

130

史,对于人类了解遥远的史前时代有着非常重要的参考价值。

鹅掌楸家族的成员不多,唯一的"兄弟"生长在远隔万里的太平洋彼岸,这位海外远亲就是北美鹅掌楸。

为什么一个家族的近亲会居住这么遥远呢?这就得从鹅掌楸家族的历史说起。当第四纪大冰川形成的严寒气候肆虐欧亚大陆和北美大陆的北部时,一些不能适应严寒气候的植物开始了自己的南迁之旅,东亚的许多植物向南躲进了中国南方的高山峡谷中;北美的部分植物被逼到东部的阿巴拉契亚山地。

当第四纪冰期结束的时候,除了上述地方,许多植物在其他地方已经消失得无影无踪,因此就形成了奇特的东亚—北美洲际间断分布的形式。鹅掌楸也就是在那时候幸运地躲过了冰川严寒,生存了下来。也由于这样的地理分割,也就有了一个"血缘关系"很近的"兄弟"流落在遥远的北美,遥相呼应。

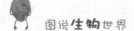

树中的巨人——望天树

如果你能深入到云南西双版纳的热带丛林中，一定会被一种高耸入云的树所震惊，它们有着近80米的身高，20层的楼房在它们面前就像是一个小矮子。据说，最粗的一棵望天树需要8个成年人手挽手才能把树干环抱住。它们成为了当之无愧的树中巨人，它们有着一个霸气的名字叫"望天树"。那意思就是说，如果想要看清楚这种高耸入云的树木的全貌，需要像眺望高天那样才行。

这种距蓝天最近的树木，有着挺拔秀丽的树干，高高在上的巨型树冠，好似一把撑开的大伞，再加上笔直的树干做伞柄，整个造型看起来就像一把巨型的雨伞。因此，当地的傣族人都叫它"伞树"。它可是中国云南特有的树种，由于它们家族成员十分稀少，所以被列为国家的珍稀树种之一。

你一定很奇怪，要想长成这么伟岸的树木是不是需要耗费数百年的岁月呢？事实并不是这样的，因为望天树是一种长速非常快的树种，一株身高50多米的望天树，也只需要70多年的生长时间。在相同的生长期里，望天树要比同龄的其他树木高出来20米左右。如此神速地生长,让很多比它年长的其他树木只能"委屈"地成了"小弟弟",甚至"抬不起头"来。

你们见过南美洲的亚马逊雨林吗? 那里有茂密的热带森林,曲折的水面,还有各种各样的动物,而中国有没有这样的热带雨林呢? 这些热带雨林跟望天树有什么联系吗?

望天树是很多热带雨林中最具代表性的一种树木,因此,有没有望天树的存在被植物学家当成了判断当地是否存在热带雨林的一个标志。在我国云南的望天树没有被人从"深闺"中发现之前,中国一直被认为没有真正的热带雨林。而这些望天树的横空出世,让这个中国没有热带雨林的论断成为了过去。

这种藏在热带雨林深处的高大挺拔的望天树还有很多秘密,期待聪明好学的你去揭开呢!

中国鸽子树——珙桐

　　你见过这样一种美丽的花吗？它们有着洁白的花瓣,极像展翅欲飞的白鸽,这种奇特而美丽的树种,就是中国特有的植物——珙桐。珙桐,因为它的花朵酷似鸽子,因此又叫做鸽子树,属于蓝果树科,国家一级重点保护植物,是我国特产国宝植物。

　　珙桐的外形高大挺拔,最高能长到 20 米左右。每年的春节过后,珙桐树会迎来开花期。盛开的繁花,它有两枚大小不等的白色苞片,像白色的丝绢手帕折叠而成,洁白而美丽,而它的头状花序呈黑褐色,极像白鸽小巧的头部,整个花朵十分像一对对振翅欲飞的圣洁白鸽。远处望去,就像数百羽白鸽栖息在高高的枝头一般。

　　珙桐树这种美丽的落叶乔木,不仅是世界上著名的观赏树种,由于它木质坚硬结实,不易变形,还是木雕工艺家青睐的好材料。更重要的是,珙桐树对研究这种古植物的生存和发展有着重大的科学价值。

　　早在二三百万年前的第四纪冰川时期过后,地球上很多树种都没有逃过这次劫难,只有少数的物种成了幸存者。在我国南方一些地形复杂的地区,珙桐成了孑遗植物。

　　珙桐树是 1869 年在我国发现的,但是,由于人们对它们生活环境的破坏,挖掘野生树苗、滥砍滥伐,珙桐树的数量急剧减少,生长的范围日渐缩小, 而且它们的生存空间有被其他树种抢夺的危险。珙桐现在已经被列为国家的一类保护树种,它们生活的地区也成为了自然保护区,珙桐树的生存环境正在一步步地恢复中。

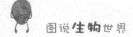

森林的"高贵女王"——大树杜鹃

　　杜鹃花是植物家族中很具有观赏性的一大类野生花卉,春天山花烂漫的时节,在云南等地方,你会看到漫山遍野盛开的杜鹃花,姹紫嫣红,形成了令人炫目的花的海洋。

　　中国是盛产杜鹃花的国度,全球约有 800 多种杜鹃花,中国就有 500 多种。在西方的园林界,有这样一句众所周知的名言:"没有中国的杜鹃,就没有西方的园林。"我国的云南因为杜鹃花的种类繁多、品种名贵而享誉世界,被称为杜鹃花的宝库。大树杜鹃,是世界杜鹃花中最高大的乔木树种,也是原始古老的类型,被称为杜鹃花中的"高贵女王"。

　　云南高黎贡山是一个盛产杜鹃花的地区,生活在那里的杜鹃花品种就接近 100 多种。迷人杜鹃、夺目杜鹃、悦人杜鹃、弯月杜鹃、红晕杜鹃……光听这些美妙的花名,你都能感觉到杜鹃花的巨大魅力了。

　　由于大树杜鹃生活在茂密的原始森林里,芳踪难觅,因此世人很难一睹芳容。在高黎贡山这座面积超过 40 万公顷的巨大的森林王国里,大树杜鹃只生长在位于大塘原始森林深处的 2 平方公里的范围内,而且,大树杜鹃的总数目前只有 2700 多棵。

大树杜鹃的花朵一般由 18~22 朵小花朵扎堆在一起,组成一个花簇,最多的有 24 朵,花簇直径 20 厘米。它的花期很短,只在每年春节前后才有 10 多天的绽放时间。

这种"养在深闺人未识"的著名杜鹃品种的发现,跟一个英国的植物学家有关。

1919 年 1 月,英国人弗瑞斯特以英国爱丁堡皇家植物园采集员的身份,带着助手进入到腾冲北部高黎贡山原始森林,首次发现了一种高大的杜鹃花品种。这株被发现的大树杜鹃高达 25 米。他将花和叶做成了标本,并且,他还命人砍倒了这棵有着 280 年树龄的

大树,并锯下一个大树的截面圆盘运回英国。至今这段被截断的树木还陈列在不列颠博物馆里,接受世人的观展。弗瑞斯特将这个珍稀的高大杜鹃花品种命名为"大树杜鹃"。

从此,来自中国的大树杜鹃在西方声名鹊起,被尊称为神圣高贵的"花王";而将这株大树杜鹃的树段偷运到西方的弗瑞斯特,也被称为"植物猎手"。

此后,这种大树杜鹃的真容很少被人看到。直到 1981 年,我国的著名植物学家冯国楣通过弗瑞斯特留下的材料中找到线索,费尽周折三进腾冲,终于在人迹罕至的原始森林中又重新找到了大树杜鹃的踪迹。

在这次考察中,他还很幸运地发现了一株树龄在 500 年以上,高 28 米,树冠 61 平方米的巨型大树杜鹃。这棵非常罕见的大树杜鹃后来被世界植物学界公认为"世界大树杜鹃之王"。

地球独生子——天目铁木

在我国浙江的天目山，生活着一种珍稀的濒危植物——"天目铁木"。这种树木是桦木科铁木植物，而在野外只有仅存的 5 株。因此，"天目铁木"也被誉为"地球独生子"。

这 5 株仅存的"天目铁木"，都生活在西天目山，年龄最大的一株已经有 300 岁的高龄了，另外 4 株都是超过百岁的树龄。这种树木繁殖下一代的能力相当弱，如果没有新的树木幼苗出现，这些高龄的树木可能就是世界上最后几株了。

造成"天目铁木"无后继者的主要原因是它们的种子发芽率很低，在十几个"天目铁木"结出的果实中，只有可怜的一两个是饱满而有繁殖能力的，其他都是干瘪的。造成这种无后现象的原因主要是这些铁木的"近亲繁殖"十分严重。

　　由于，"天目铁木"家族的成员很少，而且生长的距离很近，就像人类近亲结婚会生育不健康的下一代一样，"天目铁木"的近亲繁育也造成了种子的质量越来越差，下一代的成活率很低。

　　目前，人们已经开始拯救这种植物。他们将"天目铁木"的幼苗迁移到一个环境跟天目山类似的地方，改变这种近亲繁殖的状况，力求把这类即将走入生存死胡同的植物家族成员拉到健康发展的新路上。

茶族皇后——金花茶

　　每年当北方还是冰天雪地、万物凋零的时候，在我国广西温暖的十万大山中，一种珍稀的金色茶花却已经迎风吐蕊了。它的花朵灿烂如金，绚丽夺目；花瓣闪烁着金黄色的蜡质光泽。被称为"茶族皇后"的金花茶，作为山茶花家族中唯一具有金黄色花瓣的高贵成员，国外又把它称为"神奇的东方魔茶"。

　　19世纪之前，这种金黄色山茶花是一种传说而已，没有人见过这种花的真容。20世纪60年代，我国的植物科学家偶然在广西的野外发现了它的芳踪，揭开了蒙在金花茶上的面纱，当年这个消息让世界植物界为之震惊。1965年，中国植物专家胡先骕教授以其能开出金黄色花朵的特点，为它命名"金花茶"。

　　金花茶不仅是山茶花家族中唯一具有金黄色花瓣的高贵种类，具有极高的观赏价值，而且，它还是第四纪冰川时期幸存下来的原始山茶中的珍品，具有极高的科研价值，因此，它还被誉为"植物界大熊猫"。

但是，这种珍稀的金花茶家族成员数量却一直难以增加，因为它们的树种结果很少，给金花茶繁育下一代带来了不小的困难。金茶花分布极其狭小，全世界 90% 的野生金花茶仅分布于我国广西十万大山的部分地区，数量极少。因此，金花茶也与银杉、桫椤、珙桐等珍贵"植物活化石"齐名，成为我国八种国家一级保护植物之一。

这种稀有的茶花还作为和平友谊的使者在世界范围内传播友善的信息。2002 年，中国和马来西亚联合发行了一种《珍稀花卉》的特种邮票，金花茶作为中国花卉明星的代表，成为了一张代表中国的"国家名片"

世界的唯一——普陀鹅耳枥

中国，不仅以众多的古刹闻名于世，而且是古树名木的荟萃之地。在我国东海舟山群岛中有一座享有"海天佛国"之称的普陀山。那里不仅有闻名世界的著名古刹禅林，还有众多珍稀的树木品种。普陀鹅耳枥就是其中最有名的一种珍稀树种，被称为普陀山"圣树"。而它硕果仅存的显贵身份，也让它多了几分高贵和神秘。

这株世界唯一的普陀鹅耳枥生长在普陀山慧济寺西侧的山坡上，树高约 14 米，树干直径 60 多厘米，树皮呈现灰色，叶子宽大，呈暗绿色。虽然经历了多年的风吹雨打、寒来暑往，这株"圣树"依旧保持着枝繁叶茂，挺拔秀丽的身姿，成为普陀山上一处独特的风景。

普陀鹅耳枥是 1930 年 5 月由中国著名植物学家钟观学教授首次在普陀山发现的。据说，在那个时候这种树并不像现在这么稀有，其实是一种比较常见的树种。此后，由于种种原因，这株"圣树"的同伴渐渐消失，只留下这株世界唯一的鹅耳枥孤零零地守望在佛顶山上。

是什么原因让这种树木几乎走到灭绝边缘的呢？这既有它自身

不适应自然的局限,也有外部环境的影响。

我们知道,被子植物的繁育离不开雌雄花粉的授粉,而对于普陀鹅耳枥来说,这个简单的繁育下一代过程却相当困难,雌花和雄花开放的时间相差 10~15 天,雌雄花的花粉很难见面,因此授粉受孕的几率就非常低,这就让野生状态下的普陀鹅耳枥很难得到繁衍。而且,它们的种子果壳非常坚硬,就像毛里求斯岛上的卡伐里亚树的种子一样。这个坚硬的保护罩虽然给种子带来了保护,但同时也阻挡了种子发芽的"出路"。

自身比较脆弱的繁殖方式也仅仅是导致普陀鹅耳枥的一个原因,外部恶劣的生存环境也是让它子孙香火不旺的一个重要原因。在每年普陀鹅耳枥开花结果的季节,正好是我国南方沿海地区强台风活动频繁的时候,暴风夹杂着瓢泼大雨阻断了普陀鹅耳枥开花授粉的机会,如此天公不作美,让种子的繁育无法进行。而即使种子幸运地授粉,但是在种子即将成熟的季节,又很容易被强劲的台风吹落在地而夭折。

普陀鹅耳枥这种内忧外患,使它树荫之下没有幼苗绕膝,举目之内没有同伴,一株"独苗"守望着家族的没落。这可能就是大自然的选择,适者才能生存,弱者将被这个无情的世界淘汰,成为历史的过客。